ایران شناسی

جلد یازدهم

استان

چهارمحال و بختیاری

ایران،

سرزمین گوناگونی‌ها

و دیدنی‌های بی‌همتا

دکتر منصور قربانی

(مدیر مرکز پژوهشی زمین‌شناسی پارس آرین‌زمین، مدیر مسئول مجله سرزمین‌های پارس‌آرین و عضو هیئت علمی دانشگاه شهید بهشتی)

سریال کتاب: P۲۵۴۵۲۴۰۱۶۶
عنوان: چهارمحال و بختیاری
نام سری: مجموعه سی وسه جلدی ایران‌شناسی
زیرنویس اثر: ایران، سرزمین گوناگونی‌ها و دیدنی‌های بی‌همتا
نویسنده: دکتر منصور قربانی
ویراستار: فرزاد رضازاده
ویرایش فنی: مریـم کلائـی، محمد آریا امینی
صفحه‌آرایی: مهری اسکوئی
طراح جلد و طراحی کاراکتر جلد: محبوبه لعل‌پور
عکاسان: حسن الماسی، علی ثقفی، مینا رضازاده، همکاران آرین زمین،
شابک: ISBN: ۹۷۸-۱-۷۷۸۹۲-۰۶۳-۹
موضوع: تاریخ، فرهنگ، طبیعت و ایرانشناسی
مشخصات کتاب: قطع وزیری، جلد مقوایی
تعداد صفحات: ۱۶۶
تاریخ نشر ادیشن فارسی: فوریه ۲۰۲۶
انتشارات در کانادا: انتشارات بین‌المللی کیدزوکادو
انتشارات اولیه در ایران: آریـن زمیـن، تهران

KIDSOCADO PUBLISHING HOUSE
VANCOUVER, CANADA

تلفن: ۱+ (۸۲۳) ۳۳۳ ۷۲۴۸
واتس آپ: ۱+ (۲۳۶) ۳۳۳ ۷۲۴۸
ایمیل: info@kidsocado.com
وب‌سایت: https://www.kidsocado.com

این کتاب را با افتخار پیشکش می‌کنم به

مردم شریف و فرهیخته‌ی ایران؛

سرزمینی که ریشه‌های فرهنگ، هنر و

دانایی‌اش، جهان را سرافراز کرده است.

فهرست مطالب

که پور فریدون نیای من‌ست

همه شهر ایران سرای من‌ست

«فردوسی»

پیش نوشتار

مجموعه سی‌وسه جلدی
ایران‌شناسی

استان چهار محال و بختیاری

طبیعت، فرهنگ، تمدن، هنر و زندگی مردم ایران‌زمین، از دیرباز همچون رنگین‌کمان، تجلی‌بخش هویت مشخصی به نام هویت ایرانی برای جهانیان شده است. این هویت ملی، ریشه‌گرفته از دانش و بینش، فرهنگ و هنر و الهام‌یافته از طبیعت، اقلیم و تاریخ و تمدن درهم‌تنیده این سرزمین با بیش از ۵۰۰۰ سال قدمت و غنای روزافزون در تاریخ و تمدن بشری، نقش‌ها آفریده است.

چشم فروبستن بر عظمت ایران و تنوع طبیعت، فرهنگ و تمدن و نیز آموختن و آشنایی با آن، چیزی نیست که درخور ملت و اقوام بزرگ آن باشد؛ هرچند کوشش‌های زیادی برای شناساندن ایران توسط اندیشمندان ایرانی و خارجی صورت گرفته است، اما هنوز جای بسیاری برای این تلاش‌ها، به‌ویژه برای شناساندن این مرزوبوم به نسل‌های جوان شامل بخش تحصیل‌کرده، دانشجویان، دانش‌آموزان، برنامه‌ریزان و دست‌اندرکاران وجود دارد. آگاهی برخی از مردم از جغرافیا، تاریخ، تمدن، هنر، طبیعت و پتانسیل‌های ایران چنان اندک است که گویی هزاران کیلومتر دورتر از ایران زندگی می‌کنند. فرزندان یک یا دو نسل اخیر که به خارج از کشور مهاجرت کرده‌اند نیز از نعمت آشنایی با کشور مادر خود دور مانده‌اند. عدم آشنایی جهانیان از طبیعت ایران چنان است که ایران را کشوری با اقلیمی خشک و کویری می‌دانند. نه‌تنها سرسبزی و زیبایی شمال ایران و جنگل‌های هیرکانی، بلکه مناطق زیبا و دیدنی پراکنده در سرتاسر ایران‌زمین، ازجمله جنگل‌های ارسباران و زاگرس و سرسبزی‌های آن‌ها و نیز هزاران دره ژرف و قله‌های سربه آسمان کشیده، از کوه‌های زاگرس و البرز، بحر آسمان، هَزار، شاهو و یا باغ‌های میناب و

روادن و نخلستان‌های دالکی، برازجان و حومه و روستاهای فاریاب، تنگ‌زرد اهرم و زیبایی‌های کم نظیر کوهرنگ، آبشارهای بیشه و مارون، غارهای علی‌صدر، قوری‌قلعه، نخجیر، دریاچه‌های میان‌کوهی، تالاب‌ها، کوه‌ها، غارهای نمکی و عظمت کویرها و هزاران مورد از این زیبایی‌های طبیعی و بی‌نظیر، برای بسیاری همچنان ناشناخته‌اند.

سه مشخصه زیر با نقش بسزایی که در هویت ایرانی داشته‌اند، در تدوین مجموعه ایران‌شناسی مورد توجه بوده است:

۱- جغرافیا و مورفولوژی سرزمین ایران یا به‌عبارتی، مجموعه طبیعت و موقعیت جغرافیایی ایران زمین.

۲- پیشینه تاریخی و برآمدن تمدن‌های بزرگ و حاکمیت با ثبات و فراگیر در دنیای باستان و نیز مبارزات هویت‌طلبی و نقش آن‌ها در خلق تمدن دوران بعد از اسلام.

۳- ویژگی‌های فرهنگی که خود زائده دو مشخصه اول و دوم می‌باشد و نیز تعامل بین اقوام ایرانی و انیرانی، جنگ‌ها و نزاع‌های رخداده در طول چندهزار ساله تاریخ و تمدن ایران و همچنین مهاجرت‌ها و کوچ‌ها که به دلخواه برای زیست بهتر و اجبار در نتیجه تغیرات اقلیم و یا عملکرد حاکمیت ها رخداده است.

اهداف موردنظر در تدوین این مجموعه عبارت‌اند از:

آشنایی هموطنان از طبیعت، واقعه‌های تاریخی و جغرافیایی ایران، جایگاه فرهنگ و هنر کشور و همچنین تاریخ و سابقه تمدنی هر استان؛ با امید جبران کمبود اطلاعات فراگیر در این زمینه‌ها به شکل مصور و به‌روز آمده است.

تأمین منابعی برای نیازهای امروز ایرانیان و تمام گردشگران داخلی و خارجی در عرصه ایران‌شناسی با تأکید بر جنبه‌های گردشگری و زیبایی‌های طبیعی، تاریخی و فرهنگی ایران در یک مجموعه بزرگ و فراگیر.

به‌طور چکیده برای اینکه عموم بدانند که ایران کجاست؟ چه دارد؟ چگونه کشوری است و از تاریخ و فرهنگ آن، چه می‌دانیم؟ طبیعت، تاریخ و فرهنگ هر استان و شهرستان چه ویژگی‌هایی دارند؟

این مجموعه با عنوان ایران‌شناسی فزون بر توجه به پیکره طبیعت، تاریخ و فرهنگ ایران، با توصیف گردشگری شهری، طبیعت‌گردی و زمین‌گردشگری می‌خواهد نمایانگر تمدن، هنر، فرهنگ، طبیعت و جغرافیای ایران برای هم‌وطنان، جهانیان و به‌خصوص گردشگران باشد.

بطوریکه هر گردشگرِ جویای اطلاعات از طبیعت، تمدن، جغرافیا، هنر و فرهنگ این سرزمین و هر شهر آن، منبعی مفید و مستند را بیابد.

مجموعه ایران‌شناسی که تمدن، هنر، فرهنگ، تاریخ و جغرافیای طبیعی ایران‌زمین را با دیدگاه گردشگری به‌صورت یک دایره‌المعارف نشان می‌دهد، در ۳۳ جلد تدوین و منتشر می‌شود. طبیعی است که تمدن، فرهنگ و هنر و طبیعت ایران آن‌قدر بزرگ و متنوع است که نمی‌توان گستردگی کامل آن را در این مجموعه ۳۳ جلدی جای داد. درنتیجه، این مجموعه آیینه‌ای است که به‌شکل گزیده، کلیاتی را به انتخاب و توصیف نگارنده، برپایه تجربیات و گشت‌وگزارهای مفصل طی سالیان دراز در گوشه و کنار کشور، عرضه کند. برای غنای بیشتر مطالب نیز از منابع لازم و معتبر استفاده شده است.

جلد اول این مجموعه کلیات طبیعت، تاریخ و فرهنگ ایران را به‌طور اجمالی بیان می‌کند. این جلد (با شماره پیاپی جلد دوم) به زبان انگلیسی منتشر شده است.

جلد سوم تا سی‌وسوم، مختص هر استان (با افزودن نام هر استان) با عنوان عمومی ایران سرزمین گوناگونی‌ها و دیدنی‌های بی‌همتا تدوین‌شده است. محتوای هریک از کتاب‌های استان، در پنج فصل به‌شرح زیر گردآوری‌شده است:

فصل اول: جغرافیا، طبیعت، اقلیم، پوشش گیاهی و جانوری و منابع طبیعی. فصل دوم: تاریخ استان و شهرهای آن. فصل سوم: مردم‌شناسی، فرهنگ و میراث فرهنگ. فصل چهارم: شهرها، روستاها و جاذبه‌های دیدنی آن‌ها. فصل پنجم: طبیعت و زمین‌گردشگری آن‌ها.

در این کتاب‌ها فزون بر تاریخ و طبیعت استان‌ها، مکان‌های دیدنی، تاریخی و باستانی، طبیعت (کوه‌ها، رودخانه‌ها، چشمه‌ها، غارها، آبشارها و...)، جاده‌ها و پدیده‌های زمین‌شناسیِ موردتوجه و تحسین همگان معرفی می‌شوند. در این مجموعه، ریشه نام‌گذاری شهرها و وجه‌تسمیه مکان‌ها نیز آمده است؛ بنابراین هرخواننده، گردشگر و پژوهشگر با خواندن این مجموعه، متوجه جغرافیا، طبیعت و تاریخچه آن سرزمین و دیدنی‌های شهری و طبیعت آن می‌شود، که برای وی راهنمای کاملی برای سفر به آن دیار خواهد بود. گفتنی است که تمام هزینه‌هایی که برای این اثر از ابتدای تولید تا مرحله چاپ توسط نگارنده (مرکز پژوهشی آرین زمین) تامین شده است.

کتاب‌های استانی که به‌ترتیب حروف الفبا ردیف شده‌اند، در اصل هریک به منطقه‌ای از ایران اشاره دارد که به‌شرح زیر می‌باشد:

جلد سوم- استان آذربایجان شرقی، جلد چهارم- استان آذربایجان غربی، جلد پنجم- استان اردبیل، جلد ششم- استان اصفهان، جلد هفتم- استان البرز، جلد هشتم- استان ایلام، جلد نهم- استان بوشهر، جلد دهم- استان تهران، جلد یازدهم- استان چهارمحال و بختیاری، جلد دوازدهم- استان خراسان جنوبی، جلد سیزدهم- استان خراسان رضوی، جلد چهاردهم- استان خراسان شمالی، جلد پانزدهم- استان خوزستان، جلد شانزدهم- استان زنجان، جلد هفدهم- استان سمنان، جلد هجدهم- استان سیستان و بلوچستان، جلد نوزدهم- استان فارس، جلد بیستم- استان قزوین، جلد بیست و یکم- استان قم، جلد بیست و دوم- استان کردستان، جلد بیست و سوم- استان کرمان، جلد بیست و چهارم- استان کرمانشاه، جلد بیست و پنجم- استان کهگیلویه و بویر احمد، جلد بیست و ششم- استان گلستان، جلد بیست و هفتم- استان گیلان، جلد بیست و هشتم- استان لرستان، جلد بیست و نهم- مازندران، جلد سی‌ام- استان مرکزی، جلد سی و یکم- استان هرمزگان، جلد سی و دوم- استان همدان و جلد سی و سوم- استان یزد.

در این مجموعه، در ارتباط با منابع استفاده شده، اشاره گردیده است که به‌جز اطلاعاتی که از بروشورها و تابلوهای سازمان میراث فرهنگی، صنایع‌دستی و گردشگری استان‌ها، سایت‌های استانداری استان‌ها و شهرداری‌ها مورد بهره‌برداری قرارگرفته است که دسترسی آن‌ها برای عموم آزاد است. جمعیت شهرها و استان‌ها از مرکز آمار ایران برپایه آخرین سرشماری سال (۱۴۰۰-۱۳۹۵) اقتباس شده است. تمامی عکس‌هایی که در این مجموعه آورده شده‌اند، توسط همکاران مرکز پژوهشی زمین‌شناسی پارس آرین زمین به‌همراه نگارنده تهیه شده و هر عکسی که خارج از آرشیو این مرکز آورده شده باشد، همراه با منبع ذکرشده است. گفتنی است که تمام پدیده‌های طبیعی و زمینی و بناهای تاریخی، شهرها و جاده‌ها و پدیده‌های توصیف شده در این مجموعه، طی سالیان سال پژوهش‌های ایران شناسی و زمین شناختی از سوی نگارنده، مورد مشاهده، مطالعه و ارزیابی قرار داشته است.

منصور قربانی

«استان چهارمحال و بختیاری»

این استان در جنوب غربی ایران قرار دارد و با دو استان بزرگ و مهم ایران، یعنی اصفهان و خوزستان، هم‌مرز است. چهارمحال و بختیاری به معنای واقعی کلمه کوهستانی‌ترین استان کشور است و به همین دلیل، بزرگ‌ترین تولیدکننده آب شیرین در کشور محسوب می‌شود.

استان چهارمحال و بختیاری طبیعتی شگفت‌انگیز همراه با آبشارها، تالاب‌ها، رودها، کوه‌های سر به آسمان کشیده و جنگل‌های زیبای زاگرسی دارد. جاده‌های پرپیچ و خم و تماشایی و دره‌های عمیقی مانند دره مشایخ، دره کوهرنگ و دره بازفت نیز در این استان قرار دارند که در کمتر جایی از کشور می‌توان نظیر آن‌ها را یافت. به دلیل طبیعت بکر و گونه‌های فراوان گیاهی و جانوری، این استان محلی مناسب برای پرورش زنبور عسل و تولید عسل است.

چهارمحال و بختیاری دارای دشت‌های بزرگ با پوشش گیاهی متنوع و سبز لاله واژگون نیز هست. این استان با توجه به ساکنان و اقوام به دو ناحیه چهارمحال و بختیاری تقسیم می‌شود. بختیاری‌ها بیشتر ساکنان جنوب استان را تشکیل می‌دهند و از کهن‌ترین اقوام ایرانی هستند که در شکوفایی تاریخ ایران از زمان هخامنشیان تا انقلاب مشروطه نقش‌آفرینی کرده‌اند. گروه بزرگی از سربازان هخامنشی از اجداد بختیاری‌ها بودند و همچنین در جنگ‌های نادرشاه کلیه اقوام بختیاری نقش داشتند. نجات انقلاب مشروطه نیز با کمک سردار بختیاری و فتح تهران توسط سردار اسد صورت گرفت.

پاره‌ای از عکس‌های این استان را خانم مینا رضازاده گرفته‌اند. همچنین آقای فرزاد رضازاده دست نوشته‌های اولیه اینجانب را خوانده و نکاتی را گوش زد نمودند که توجه و دقت این دو بزرگوار ستودنی است.

در دوران شاه طهماسب اول صفوی، دو رویداد مهم در حیات سیاسی بختیاری رخ داد. نخست، قتل تاج‌امیر از طایفه استریکی در سال ۹۴۵ خورشیدی که ریاست ایل بختیاری را بر عهده داشت. این واقعه به‌دلیل خودداری وی از پرداخت مالیات معوقه و به‌دست امیرخان موصل، حاکم همدان، رخ داد. پس از آن، ریاست ایل بختیاری به میرجهانگیرخان، که احتمالاً از طایفه بختیاری بود، واگذار شد. اهمیت این رویداد در آن است که برای نخستین‌بار، حکومت مرکزی موجودیت، قدرت و ساختار سیاسی ایل بختیاری را به رسمیت شناخت و نام «بختیاری» به‌صورت رسمی به این سرزمین اطلاق شد.

پدیده دوم در تاریخ ایل بختیاری، تقسیم این ایل به دو شاخه چهارلَنگ و هفت‌لَنگ به دستور شاه صفوی است. این دو شاخه در دوره‌های بعدی، هر یک به شاخه‌ها و زیرشاخه‌های متعددی تقسیم شدند. ژان‌پیر دیگار در کتاب فنون کوچ‌نشینان بختیاری می‌نویسد: (ایل بختیاری به دو شعبه تقسیم شده است که خود بختیاری‌ها به هر شعبه «بخش» یا «قسمت» می‌گویند (هفت‌لنگ و چهارلنگ). هر یک از این شعبات نیز به تعدادی باب یا بلوک تقسیم می‌شوند (دورکی، بابادی، بهداروند و ...). هر بلوک شامل چندین طایفه (مانند زراسوند، گندلی، بابااحمدی و ...) است و هر طایفه به چندین تیره، هر تیره به چندین تش، هر تش به چندین اولاد، هر اولاد به چندین فامیل و در نهایت هر فامیل به چندین خانوار تقسیم می‌شود).

در وجه تسمیه ایلات چهارلنگ و هفت‌لنگ سه روایت مطرح شده است:

- نخست آنکه در دوران صفویه نظامی مالیاتی برقرار بود که بر اساس آن ایلات و عشایر مالیات خود را متناسب با نوع و تعداد دام می‌پرداختند. برای مثال مالیات ایل قشقایی بر اساس گوسفند، ایل شاهسون بر اساس شتر و ایل بختیاری بر اساس مادیان تعیین می‌شد. در این نظام، سه مادیان به ایل بختیاری تعلق گرفت که هفت پا سهم هفت‌لنگ، چهار پا سهم چهارلنگ و یک پا به‌عنوان تخفیف محسوب می‌شد. شایان ذکر است که تقسیم‌بندی زمین بر اساس «پا» نیز در ایران رواج داشته است؛ به‌طوری که جفت (دو گاو گاری) معادل هشت پا زمین بود و معمولاً به ازای هر مرد کارگر، چهار پا زمین برای کشت به او واگذار می‌شد.

- روایت دوم بیان می‌کند که بختیار دارای دو همسر بوده که از یکی چهار پسر و از دیگری هفت پسر داشته و به همین مناسبت ایل بختیاری به دو شاخه چهارلنگ و هفت‌لنگ تقسیم شده است.

- در روایت سوم آمده است که پیش از این تقسیم‌بندی، دو عشیره بختیاری با یکدیگر درگیر شده‌اند و پس از اسارت تعدادی از افراد دو طرف، چهار نفر از یک گروه و هفت نفر از گروه مقابل کشته شده‌اند و بعدها این نام‌ها به یاد آن واقعه بر دو طایفه نهاده شده است.

استان چهارمحال و بختیاری

فصل اول

جغرافیا، طبیعت و منابع طبیعی

نژادم ز خورشید روشن‌تر است
زهر کس تو گویی نژادم سر است
گر ایران زمین بختیاری نداشت
برآنم که از بخت یاری نداشت
منم بختیاری ز کوروش نسب
بـه مـردانگی گـرفتم لـقب

رضا قلی منجزی

۱-۱ مقدمه

استان چهارمحال و بختیاری در جنوب باختری ایران قرارگرفته است. این استان به مساحت ۱۶۵۳۲ کیلومترمربع دارای ۹۴۷۷۶۳ نفر جمعیت می‌باشد و سهم آن از جمعیت کل کشور ۱/۱۹ درصد است. استان چهارمحال و بختیاری در موقعیت جغرافیایی ´۲۸ °۴۹ تا ´۲۵ °۵۱ طول خاوری و ´۰۹ °۳۱ تا ´۴۸ °۳۲ عرض شمالی قرار گرفته است.

این استان از شمال و خاور به استان اصفهان، از شمال باختر به استان لرستان، از جنوب به استان کهگیلویه و بویراحمد و از باختر به استان خوزستان محدود می‌شود (شکل ۱-۱) این استان دارای ۱۲ شهرستان،۴۳ شهر، ۲۸ بخش و ۵۱ دهستان است (جدول ۱-۱).

شهرستان شهرکرد پرجمعیت‌ترین و شهرستان کوهرنگ وسیع‌ترین شهرستان استان می‌باشند. استان چهارمحال و بختیاری منبع تأمین آب شیرین بخش بزرگی از کشور است. رودخانه‌های زاینده‌رود، دز و کارون که از رودخانه‌های بزرگ کشور هستند از این استان سرچشمه می‌گیرند. این استان دارای چشمه‌های بزرگ و پرآب، کوه‌های مرتفع و برف‌گیر و تالاب‌ها بوده که سرزمین اقوام بختیاری است.

میانگین ارتفاع استان از سطح دریا بیش از ۲۰۰۰ متر است. ارتفاع مرکز استان از سطح دریا ۲۰۶۶ متر است، به همین خاطر به این استان بام ایران می‌گویند.

شکل ۱-۱. نقشه موقعیت استان چهارمحال و بختیاری در ایران.

جدول ۱-۱. جدول شهرستان‌ها و شهرهای استان چهارمحال و بختیاری (مرکز آمار ایران).

	شهرستان	مرکز	بخش‌ها	نام شهرها
۱	اردل	اردل	مرکزی، میانکوه	اردل، دشتک، کاج، سرخون
۲	بروجن	بروجن	مرکزی، گندمان، بلداجی	بروجن، سفیددشت، فرادنبه، نقنه، بلداجی، گندمان
۳	بن	بن	مرکزی، شیدا	بن، وردنجان
۴	سامان	سامان	مرکزی، زاینده‌رود	سامان
۵	شهرکرد	شهرکرد	مرکزی، لاران	شهرکرد، طاقانک، کیان، هفشجان، نافچ، سورشجان، سودجان، هارونی، فرخ‌شهر
۶	فارسان	فارسان	مرکزی، جونقان، باباحیدر	فارسان، گوجان، باباحیدر، جونقان، پردنجان، چلیچه
۷	فرح شهر	فرخ شهر	مرکزی، دستگرد	فرخ شهر، دستگرد امام‌زاده
۸	کوهرنگ	چلگرد	مرکزی، بازفت، صمصامی	چلگرد، بازفت، صمصامی
۹	کیار	شلمزار	مرکزی، ناغان، کیارشرقی	شلمزار، گهرو، دستناء، ناغان، دزک
۱۰	لردگان	لردگان	مرکزی، منج، رودشت	لردگان، سردشت لردگان، آلونی، مال خلیفه، منج
۱۱	خانمیرزا	آلونی	مرکزی، ارمند	آلونی
۱۲	فلارد	مالخلیفه	مرکزی، امام‌زاده حسن	مالخلیفه

این استان دارای چهار ناحیه لار، کیار، میزدج و گندمان بوده، به همین خاطر به آن چهارمحال گفته می‌شود. ناحیه لار در شهرستان شهرکرد، شهرستان سامان و شهرستان بن، ناحیه میزدج در شهرستان فارسان، ناحیه کیار در شهرستان کیار و ناحیه گندمان در شهرستان بروجن قرار گرفته است.

منطقه بختیاری که زادگاه و مرکز کوچ بختیاری‌های ایران می‌باشد، شامل شهرستان‌های کوهرنگ، اردل، لردگان، خانمیرزا، فلارد و کیار است.

۱-۲ راه‌های ارتباطی استان چهارمحال و بختیاری

استان چهارمحال و بختیاری یکی از استان‌های نسبتاً پرتردد کشور محسوب می‌شود. تردد استان‌های مرکزی بخصوص استان اصفهان به استان خوزستان از این استان انجام می‌گیرد. همچنین مسیر ارتباطی بین استان اصفهان به کهگیلویه و بویراحمد است. مسیر تهران-قم-اصفهان-شهرکرد مسیر اصلی دسترسی به این استان می‌باشد. مسیر شهرکرد-خوزستان که از جاده‌های، ناغان-ایذه، بازفت-ایذه و لردگان-دهدز به خوزستان می‌رود سالانه میزبان هزاران مسافر می‌باشد. این استان دارای یک فرودگاه در شهرکرد است.

در این فرودگاه به دلیل ارتفاع بالای استان و موقعیت جغرافیایی فرود هواپیمای بزرگ امکان‌پذیر نمی‌باشد، بنابراین می‌توان از فرودگاه اصفهان که در ۱۰۰ کیلومتری آن است استفاده نمود. در این استان متأسفانه تاکنون مسیر خط راه‌آهن کشیده نشده است ولی چند طرح در دست اجراست که مسیرهای خوزستان-لردگان-بروجن-اصفهان و شهرکرد-مبارکه-تهران می‌باشند. ایجاد یک خط ریلی بین اصفهان-شهرکرد-اهواز می‌تواند یک خط مسافربری و ترانزیتی بزرگ بین ایران مرکزی و جنوب غرب کشور به وجود آورد (شکل ۱-۲).

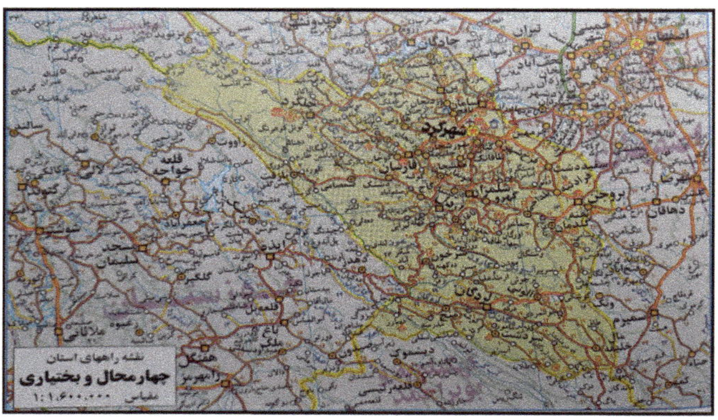

شکل ۱-۲. نقشه راه‌های ارتباطی استان چهارمحال و بختیاری (گیتاشناسی، ۱۴۰۳).

۱-۳ آب‌وهوای استان چهارمحال و بختیاری

به‌طورکلی بخش‌های چهارمحال این استان در دامنه شمالی رشته‌کوه زاگرس و بخش بختیاری آن در کوه‌های زاگرس مرتفع قرار گرفته است و دارای اقلیم کوهستانی است. این استان مرتفع‌ترین استان در ایران می‌باشد و در مسیر بادهای مرطوب مدیترانه‌ای قرار دارد. این استان دارای بارش نسبتاً مناسب با میانگین ۵۰۰ میلی‌متر در سال است. بارش در ارتفاعات کم به‌صورت باران و در ارتفاعات بالاتر به‌صورت برف می‌باشد. بارش برف و باران و وجود چشمه‌های فراوان در این استان تا ده درصد از منابع آب شیرین کشور را تأمین می‌کند و دربرگیرنده بخشی از حوضه‌های آبریز رودخانه‌های زاینده‌رود، کارون و دز می‌باشد.

این استان دارای قله‌های بلند به‌صورت پی‌درپی می‌باشد. بلندترین نقطه استان قله زردکوه بختیاری است که با ارتفاع ۴۲۲۰ متر در ناحیه شمال غربی استان قرار دارد. پست‌ترین نقطه آن، بخش منج در شهرستان لردگان در قسمت جنوبی استان چهارمحال و بختیاری است. از کوه‌های مرتفع استان، زردکوه، سبزکوه، سفیدکوه، کارکنان، منگشت، سالداران، جهان‌بین و کوه ریگ را می‌توان نام برد. این کوه‌ها کانون اصلی آبخیز رودخانه‌های دائمی زاینده‌رود و کارون هستند که در بیشتر روزهای سال پوشیده از برف می‌باشند و جزء حوزه‌های آبگیر دائمی ایران به شمار می‌روند.

روند امتداد این کوه‌ها همان روند زاگرس یعنی از شمال باختری به جنوب خاوری است. از باختر به خاور به‌تدریج از بلندی ارتفاعات و تراکم آن‌ها کاسته شده و به دره‌های باز و دشت‌های نسبتاً وسیع ختم می‌شوند. در شرق استان، دشت‌های محدودی از قبیل، شهرکرد، لار، فرادنبه، کیار، بروجن و گندمان و در جنوب غربی و جنوب شرقی آن دشت‌های نسبتاً وسیعی ازجمله لردگان، فلارد وخانمیرزا قرارگرفته‌اند. این کوه‌ها و دشت‌ها باعث می‌شود میزان بارش در سطح استان متفاوت باشد.

استان چهارمحال و بختیاری به علت داشتن کوهستان‌های بلند در فصل زمستان برف‌گیر بوده و کوه‌های زردکوه بختیاری، کوه‌های زراب و سبز کوه از کوهستان‌های آبگیر دائمی استان است. دو رودخانه دائمی ایران یعنی زاینده‌رود و کارون از ارتفاعات این استان سرچشمه می‌گیرند.

به دلیل جهت شیب ارتفاعات بختیاری که از شمال غربی به جنوب شرقی کشیده شده‌اند، شبکه آب‌های روان منطقه به دو قسمت عمده تقسیم می‌شوند. قسمتی به سمت بستر شیب شرقی سرازیر شده و حوزه زاینده‌رود را تشکیل می‌دهند و قسمت دیگری به سمت غرب و جنوب غربی جریان یافته و حوزه‌های کارون علیا و دز را به وجودمی‌آورند.

بارش برف و باران از اواسط پاییز تا اواخر فروردین ادامه دارد. در مناطق پست که درجه حرارت در تابستان تا ۴۰ درجه سانتی‌گراد می‌رسد، میزان بارش کمتر است. بدین ترتیب، از شمال به جنوب ضمن کاهش ارتفاعات، دما افزایش می‌یابد. فصل سرما از اواسط آبان آغاز می‌شود و ۴ تا ۵ ماه ادامه پیدا می‌کند. سردترین ماه‌های سال در استان، دی و بهمن است. بر اساس گزارش ایستگاه سینوپتیك شهرکرد، در بلندمدت. متوسط درجه حرارت ۱۲ درجه سانتی‌گراد، حداکثر مطلق درجه حرارت ۴۲ و حداقل مطلق آن منفی ۳۲ درجه سانتی‌گراد بود.

با توجه به اختلاف ارتفاع در سطح استان، زمان و مکان بارش از شرایط یکسانی برخوردار نیست. در مناطق کم ارتفاع و هموار از قبیل دشت شهرکرد، چغاخور و گندمان ماه‌های آبان و اردیبهشت و در دره‌های زردکوه و دوپلان ماه اردیبهشت پرباران‌ترین ماه‌های سال است. نوع بارش در مناطق مرتفع عمدتاً برف و در مناطق کم ارتفاع باران است (شکل ۱-۳).

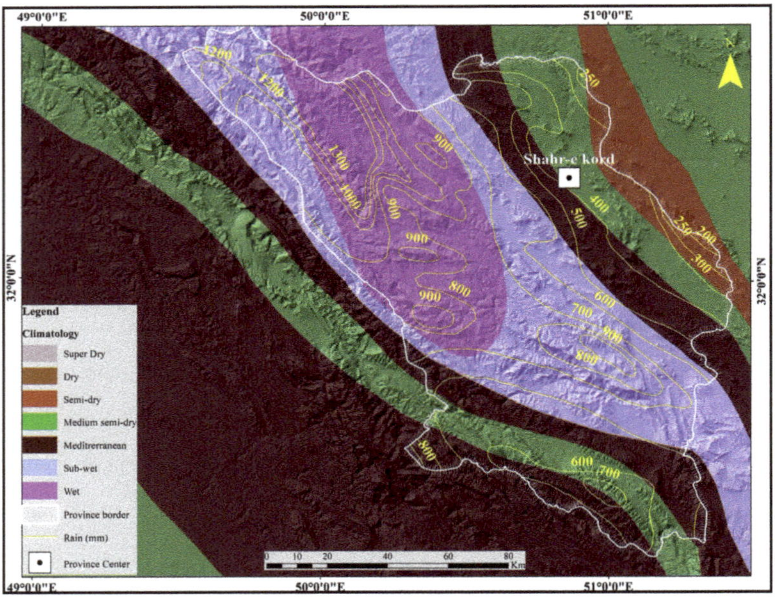

شکل ۱-۳. نمایی از پهنه اقلیمی و میزان بارش استان چهارمحال و بختیاری.

شهرستان‌های واقع در این استان با قرار گرفتن در مناطق مرتفع و کم ارتفاع، دارای اقلیم متفاوتی می‌باشند. شهرستان کوهرنگ در بیشترین ارتفاع و در دامنه زردکوه قرارگرفته و از نظر آب‌وهوایی جزء مناطق خوش آب‌وهوا در فصول بهار و تابستان است. شهرستان‌های شهرکرد، بروجن، بن، کیار، اردل، سامان، لردگان، خانمیرزا، فلارد و بخش بازفت در شهرستان کوهرنگ دارای ارتفاع کمتری می‌باشند و آب‌وهوای گرم‌تری (بخصوص شهرستان‌های خانمیرزا، فلارد و لردگان) در فصل تابستان دارند.

۱-۳-۱ انواع اقلیم و جریانات هوای استان

استان چهارمحال و بختیاری به دلیل ویژگی‌های خاص توپوگرافی و موقعیت جغرافیایی، دارای آب‌وهوایی متنوع بوده و اقلیم‌های متفاوتی در آن وجود دارد. بارش‌های استان به‌طور عمده زیر نفوذ جریان‌های جوی مدیترانه و کم‌فشار آفریقایی قرار دارد، که از غرب و جنوب غرب وارد منطقه شده و از مهر تا اردیبهشت منطقه را تحت تأثیر قرار می‌دهد. وجود بلندی‌های کوه زاگرس که عمود بر مسیر حرکت این جریان‌ها است، باعث تشدید خاصیت چرخه آن‌ها می‌شود و بارش‌های گاه شدید و ادامه‌دار چندروزه را در منطقه باعث می‌شود. ریزش‌های جوی در استان از مهرماه آغاز و در دی‌ماه به بیشترین مقدار و سپس تا اردیبهشت کم می‌شود. در دی‌ماه به‌طور متوسط ۱۹ درصد بارش‌ها انجام می‌شود. درصد بارش ماهانه در فاصله آبان تا فروردین، بیشتر از ۹۰ درصد بارش سالانه و در فاصله خرداد تا مهر کمتر از ۱۰ درصد بارش سالانه را تشکیل می‌دهد.

پر بارش‌ترین بخش استان ارتفاعات غربی (زردکوه در شهرستان کوهرنگ) با متوسط بارش سالانه ۱۶۰۰ میلی‌متر می‌باشد. سایر مناطق پر بارش استان ارتفاعات سبزکوه با متوسط ۱۴۰۰ میلی‌متر و ارتفاعات جنوب غرب استان با بارش ۹۰۰ میلی‌متر می‌باشد. کم بارش ترین ناحیه استان نواحی شرقی و شمال شرقی با متوسط بارش سالانه ۲۵۰ تا ۳۰۰ میلی‌متر است. متوسط بارش سالانه استان در حدود ۵۶۰ میلی‌متر می‌باشد. به دلیل کوهستانی بودن استان و با توجه به اینکه دمای هوا ناشی از ارتفاع هر منطقه است، اقلیم‌های حرارتی مختلفی در استان حکم فرماست.

از لحاظ اختلاف دمایی، حداکثر مطلق دمای ۴۷/۵ درجه سانتی‌گراد در لردگان و حداقل مطلق دمایی برابر ۳۴/۵ درجه سانتی‌گراد زیر صفر در ایستگاه دزک ثبت گردیده است. بیشترین تعداد روزهای یخبندان در سال با ۱۷۱ روز در چلگرد (کوهرنگ) در سال ۱۹۶۲ و کمترین تعداد روزهای یخبندان ۵۸ روز (۱۹۹۸) در لردگان رخ‌داده است. با استفاده از روش پیشنهادی جهت مناطق مرکزی ایران (دکتر کریمی) می‌توان استان چهارمحال و بختیاری را به ۶ اقلیم دسته‌بندی کرد:

۱- **اقلیم ارتفاعات بلند** شامل مناطقی است که در ارتفاع بیش از ۳۵۰۰ متر از سطح دریا قرار دارند. این نواحی به‌دلیل سرمای شدید و شرایط سخت جوی، دارای پوشش گیاهی بسیار فقیر بوده و در بیشتر ایام سال با لایه‌ای از برف پوشیده می‌شوند. ازجمله این مناطق می‌توان به قله‌های زردکوه، زراب و سبزکوه اشاره کرد.

۲- **اقلیم مرطوب معتدل و بسیار سرد** در مناطق مجاور ارتفاعات قرار دارد و بخش کوچکی از سطح استان را شامل می‌شود. این نواحی به‌دلیل سرمای زیاد و بارندگی بالا، دارای پوشش گیاهی تنک هستند و تنها گونه‌های مقاومی مانند چوبک و سرو کوهی (اُرس) در آن رشد می‌کنند.

۳- **اقلیم نیمه‌مرطوب معتدل سرد،** بخش گسترده‌ای از سطح استان را در بر می‌گیرد. نواحی مرکزی، شلمزار، لاران، بن و بخش‌هایی از سامان، بروجن، فارسان و ناغان در شهرستان کیار در این اقلیم قرار دارند. این مناطق دارای زمستان‌های سرد و تابستان‌های معتدل هستند و از پوشش گیاهی نسبتاً مناسب برخوردارند.

۴- **اقلیم مرطوب معتدل سرد،** در واقع زیرمجموعه‌ای از اقلیم نیمه‌مرطوب معتدل سرد است، با این تفاوت که میزان بارش سالیانه در آن بیشتر است. این اقلیم نواحی امام‌قیس در شهرستان بروجن، بخش دیناران در شهرستان اردل و همچنین سودجان و مرغملک در شهرستان شهرکرد را در بر می‌گیرد. این مناطق دارای زمستان‌های سرد و پربرف و تابستان‌های خنک و معتدل هستند و از پوشش گیاهی نسبتاً غنی برخوردارند.

۵- **اقلیم نیمه‌مرطوب کمی سرد** شامل مناطق لردگان، بخش بازفت در شهرستان کوهرنگ و حاشیه زاینده‌رود در بخش سامان است. این نواحی دارای زمستان‌های نسبتاً سرد و تابستان‌های معتدل هستند. از نظر پوشش گیاهی، جنگل‌های بلوط و باغ‌های میوه بخش قابل‌توجهی از چشم‌انداز طبیعی این اقلیم را تشکیل می‌دهند و به سبب شرایط آب‌وهوایی مطلوب، از حاصلخیزی بالایی برخوردارند.

۶-**اقلیم نیمه‌مرطوب بسیار گرم** با زمستان‌های کمی سرد، بخش کوچکی از استان را دربر می‌گیرد. این نواحی با ارتفاع کمتر از ۱۰۰۰ متر، تابستان‌های گرم‌تر و بارش سالانه بیش از ۷۰۰ میلی‌متر دارند و عمدتاً در حاشیه رودخانه ارمند در شهرستان لردگان واقع شده‌اند.

۱-۳-۲ جریان‌های جوی اثرگذار بر هوای استان

الف) جریان فصلی زمستانی در استان با تأثیر دو پرفشار سیبری و آزور شکل می‌گیرد. جریان پرفشار سیبری هوای سرد را از شمال‌غرب به استان منتقل کرده و موجب سرمای شدید زمستان می‌شود. جریان‌های مهم دیگر عبارت‌اند از:

۱. جریان‌های غربی که هوای مرطوب دریای مدیترانه و اقیانوس اطلس را به کشور می‌آورند. این جریان‌ها در زمستان با سامانه‌های کم‌فشار مدیترانه‌ای همراه بوده و موجب بارش فراوان برف و باران در منطقه می‌شوند.

۲. جریان‌های اقیانوس اطلس شمالی که از اروپای شمالی و اسکاندیناوی سرچشمه گرفته و پس از عبور از شمال‌غرب ایران بر اقلیم استان نیز تأثیر می‌گذارند.

ب) جریان‌های تابستانی علاوه بر جریان‌های مدیترانه‌ای شامل سامانه کم‌فشار سودانی نیز می‌شوند که در زمستان و اوایل بهار هوای نواحی جنوب، جنوب‌غرب و گاهی غرب کشور را تحت تأثیر قرار می‌دهد. بارش‌های شدید در جنوب‌غرب ایران نتیجه نفوذ و تقویت این سامانه است. این سامانه در اثر هماهنگی بین جریان سطح زمین و سطوح فوقانی جو به‌صورت دینامیک فعال

می‌شود و بارش و طوفان ایجاد می‌کند. گاه آمیختگی سامانه سودانی و مدیترانه‌ای رخ می‌دهد که در آن حالت بارش‌ها سنگین و سیل‌آسا می‌شود. برای نمونه، در مارس ۱۹۹۸ میزان بارش ۲۴ ساعته در کوهرنگ به ۱۴۵ میلی‌متر و در نواحی جنوبی استان مانند لردگان و مال‌خلیفه تا ۷۰ میلی‌متر گزارش شده است.

۱-۴ طبیعت استان چهارمحال و بختیاری

طبیعت استان چهارمحال و بختیاری به عواملی همچون مورفولوژی، میزان بارش، موقعیت جغرافیایی و ... بستگی دارد.

- **مورفولوژی** استان چهارمحال و بختیاری نشان می‌دهد که این منطقه یک ناحیه کوهستانی است و دارای ۱۶ قله بالای ۲۵۰۰ متر ارتفاع می‌باشد، همچنین ارتفاع متوسط استان بیش از ۲۱۰۰ متر است.
- **میزان بارش سالانه** در استان چهارمحال و بختیاری حدود ۵۰۰ میلی‌متر است. پر بارش‌ترین بخش‌ها ارتفاعات غربی با متوسط ۱۶۰۰ میلی‌متر، ارتفاعات سبزکوه با متوسط ۱۴۰۰ میلی‌متر و ارتفاعات جنوب غرب استان با بارش ۹۰۰ میلی‌متر هستند، در حالی که کم‌بارش‌ترین مناطق، نواحی شرقی و شمال شرقی با متوسط ۲۵۰ تا ۳۰۰ میلی‌متر در سال می‌باشند.
- **موقعیت جغرافیایی** استان چهارمحال و بختیاری در عرض‌های بالای ۳۱ درجه شمالی قرار دارد و بخش‌های جنوبی آن جزء مناطق گرم کشور محسوب می‌شوند.
- **سکونت‌های تاریخی اقوام و کوچ آن‌ها** از عرض‌های ۳۰ درجه به مناطق بالای ۳۱ درجه بر پوشش گیاهی منطقه تأثیرگذار بوده است.
- **عملکرد انسان و اجتماعات** به‌ظاهر صنعتی در استان‌های هم‌جوار و نیاز آن‌ها به آب موجب تغییر مسیر رودخانه‌ها، احداث سدها و ایجاد تونل‌های انتقال آب بین حوضه‌ای شده که بر طبیعت استان تأثیرگذار می‌باشد.

۱-۴-۱ گیاهان و پوشش گیاهی استان چهارمحال و بختیاری

جنگل‌های استان چهارمحال و بختیاری بخش قابل‌توجهی از جنگل‌های بلوط رشته‌کوه زاگرس می‌باشد. این جنگل‌ها با روند شمال باختری- جنوب خاوری از کوهرنگ (کوه‌های بازفت) تا فلارد کشیده شده‌اند. تراکم این جنگل‌ها در دره بازفت، دره مشایخ، در منطقه اردل، در جنوب ناغان، در مسیر ناغان به دوپلان- سرخون و ازآنجا به لردگان می‌باشد. ۹۸ درصد پوشش عمده جنگلی را در این مناطق بلوط تشکیل می‌دهد. این جنگل‌های بلوط به طلای سبز زاگرس معروف‌اند و حدود ۳۵ درصد از استان چهارمحال و بختیاری را فراگرفته است (شکل ۱-۴ تا ۱-۱۲). همراه با بلوط، دیگر گونه‌های جنگلی همچون زبان‌گنجشک، انجیر کوهی، پسته وحشی (بنه)، زالزالک،

کیکم، داغداغان، بادام و ... در منطقه یافت می‌شود. همچنین سایر رستنی‌ها ازجمله گون گزی و گون کتیرائی بخصوص در دره چال روغنی، کنگر، گل‌گاوزبان، کلوس کوهی و ... نیز به فراوانی روییده می‌شود.

شکل ۱-۴. جنگل‌های بلوط بازفت شهرستان کوهرنگ، (مینا رضازاده).

شکل ۱-۵. دور نمای زردکوه و جنگل‌های بلوط در بازفت شهرستان کوهرنگ، (مینا رضازاده).

شکل ۱-۶. ذخیره‌گاه جنگلی چهارتاق یکی از متنوع‌ترین ذخیره‌گاه‌های جنگلی کشور ازنظر گونه‌های درختی در بخش ناغان شهرستان کیار با گونه ارزشمند ارس.

شکل ۱-۷. نمایی از دشت شیمبار.

شکل ۱-۸. نمایی از دشت فلارد شهرستان فلارد، (مینا رضازاده).

شکل ۱-۹. جنگل‌های بلوط بازفت شهرستان کوهرنگ با گونه غالب و ارزشمند بلوط ایرانی (برانتی)، (مینا رضازاده).

شکل ۱-۱۰. مزارع کشاورزی دشت کیار، جاده جونقان، (مینا رضازاده).

شکل ۱-۱۱. شکل جنگل پهنوس در کنار رودخانه بازفت، (مینا رضازاده).

شکل ۱-۱۲. نمایی از جنگل‌های بلوط در نزدیکی لردگان (موقعیت جغرافیایی "۳۸ ´۵۸ °۵۰ طول خاوری و "۴۹ ´۳۱ °۳۱ عرض شمالی)، (مینا رضازاده).

در استان چهارمحال و بختیاری عوامل اصلی تعیین نوع پوشش گیاهی میزان بارش و ارتفاع می‌باشد.

مراتع جنگلی در تنگ‌گزی چلگرد، میزدج، دامنه‌های زردکوه، حومه بروجن، گندمان و دره وسیع چشمه زردکوه چراگاه‌های نسبتاً خوبی برای دامداری پدید آورده است. در چلگرد، شوراب، بازفت، اردل، شهریاری، کوه سفید، لاغرک، کوه گیلاس و چشمه کوهرنگ علاوه بر گیاهان علوفه‌ای درختچه‌های نسبتاً متراکمی نیز روییده‌اند که انواع گون مهم‌ترین آن‌ها هستند. از میان انواع گون، گونه‌گون گزی که از آن انگبین به دست می‌آید و به «گزانگبین» معروف است، گل‌های آن در تابستان مورداستفاده کندو داران و در اوایل پاییز نیز انگبین آن مورد بهره‌برداری قرار می‌گیرد. کتیرا از ریشه نوع دیگری گون به نام گون کتیرایی به دست می‌آید.

رویش گیاهان دارویی در دره‌ها و کوهستان‌های این استان موجب شده که این گیاهان از گذشته مورداستفاده قرار گیرند. به‌عنوان مثال از گل‌گاوزبان برای بهبود عملکرد اعصاب، تپش قلب و رفع یبوست، از بومادران (گل برنجاس) برای رفع دل‌درد، دل‌پیچه و حالت تهوع، از ریواس برای درمان بیماری‌های روده استفاده می‌شود. برخی دیگر از گیاهان این منطقه صرفاً خوراکی بوده و به دلیل بو و طعم آن‌ها در غذاها استفاده می‌شوند. این گیاهان به غذا طعم، بو و مزه خاصی می‌دهند و آن‌ها را خوشمزه می‌کنند. ازجمله این گیاهان می‌توان به کلوس کوهی، سیر، کاردیم، تره کوهی، موسیر، قارچ، فداله و چاهوک اشاره نمود.

تاکنون بیش از ۸ هزار گونه گیاهی در ایران شناسایی‌شده است که ۱۳۰۰ گونه آن در طبیعت چهارمحال و بختیاری شناسایی و ثبت شده است.

۱-۴-۲ جانوران استان چهارمحال و بختیاری

از دیدگاه زیست جانوری به دلیل شرایط طبیعی که پیش‌تر گفته شد، بسیار متنوع می‌باشد. تاکنون ۴۰۸ گونه جانوری در این استان شناسایی شده است.

از جانوران این استان می‌توان به گرگ، گراز، آهو، پلنگ، خرس، سمور، کل، بز، مرغابی، قرقاول و ... اشاره کرد. این استان دارای چندین منطقه حفاظت‌شده است، ازجمله منطقه شکارممنوع قیصری، شیدا، هلن، سبزکوه، تنگ صیاد را می‌توان نام برد.

به نظر نگارنده مناطق دیگری هنوز لازم است تا به این مناطق حفاظت‌شده اضافه گردند. ۱۲ گونه جانوری استان دارای ارزش جهانی می‌باشد که متأسفانه برخی از آن‌ها در حال انقراض هستند.

۱-۴-۲-۱ انواع گونه‌های حیوانی در استان چهارمحال و بختیاری

همان‌گونه که پیش‌تر ذکر شد در حدود ۴۰۸ گونه جانوری در استان چهارمحال و بختیاری شناسایی شده است. ازجمله این جانوران می‌توان پلنگ، پرندگان شکاری و گوشت‌خوار، خرس قهوه‌ای، عقاب، قوچ، میش، حواصیل، قرقی، لک‌لک، کبک برفی، بالکان، کورکرو، سُنتر، اردک‌ماهی، سارگپه، خروس کولی، بزمچه، کبک دری، لاک‌پشت، خاکزی، پرستو، افعی شاخ‌دار، باربوس، ماهی قزل‌آلا، باتلان، عقاب طلایی و ماهی گورخری را نام برد. متأسفانه برخی ازاین‌گونه‌های جانوری مانند عقاب طلایی، شاهین بحری، اردک بلوطی، ماهی گورخری، خرس قهوه‌ای و پلنگ در معرض خطر انقراض قرار دارند (شکل ۱-۱۳ و ۱-۱۷).

شکل ۱-۱۳. نمایی از هدهد چهارمحال بختیاری، (علی ثقفی).

شکل ۱-۱۴. نمایی از جغد شاخی در استان چهارمحال و بختیاری، (ایرنا).

شکل ۱-۱۵. نمایی از کبک دالبری استان چهارمحال و بختیاری.

شکل ۱-۱۶. نمایی از عقاب طلایی استان چهارمحال و بختیاری.

شکل ۱-۱۷. بزکوهی (پادزن ماده)، (علی ثقفی).

۱-۴-۳ مناطق حفاظت‌شده استان چهارمحال و بختیاری

منطقه حفاظت‌شده تنگ صیاد با مساحت حدود ۲۰۰ کیلومترمربع در بخش جنوبی جاده شهرکرد-بروجن قرارگرفته است. در طول مسیر جاده پس از عبور از شهر فرخ‌شهر در کنار جاده می‌توان این منطقه را که محل زیست جانورانی چون کل، بز، قوچ و میش می‌باشد را مشاهده نمود. این منطقه ۲۴ گونه پستاندار، ۷۰ گونه پرنده، ۲۶ گونه خزنده و ۴ گونه دوزیست دارد. در فصل هائی که این پستانداران برای چرا به مناطق پائین‌دست می‌آیند، مسافران با توقف اتومبیل‌های خود به تماشای این صحنه زیبا می‌نشینند.

منطقه حفاظت‌شده جنگلی سبزکوه و هلن در بخش جنوبی شهرستان کیار و بخش شمالی شهرستان اردل واقع‌شده‌اند و در حدود ۴۰۰ کیلومترمربع وسعت دارند. منطقه جنگلی سبزکوه از حاشیه رودخانه سبزکوه در روستای زیبای دره زیبای بید آغاز می‌شود و سپس به منطقه جنگلی هلن که دربرگیرنده شهرستان‌های کیار، بخشی از شهرستان اردل تا شهر سرخون و بخشی از شهرستان خانمیرزا تا روستای ارمند است، می‌رسد. منطقه جنگلی سبزکوه مرتفع و کوهستانی است و به سمت جنوب دره مشایخ از میزان ارتفاع کاسته و به جنگل‌های بلوط منطقه هلن می‌رسد. در منطقه جنگلی هلن رودخانه کارون و بخشی از رودخانه ارمند نیز در جریان است. رودخانه کارون در منطقه هلن از روستاهای جوزستان، برنجگان، دورک اناری و شاهپوری، دره عشق، معدن، دشتینه و سونک می‌گذرد. در این منطقه پستاندارانی چون خوک، شغال، گرگ، کل، قوچ، میش، بز و ... و پرندگانی ازجمله عقاب، کبک و تیهو زیست می‌کنند که یکی از زیباترین مناطق استان است.

۱-۵ مورفولوژی استان چهارمحال و بختیاری

به‌طورکلی استان چهارمحال و بختیاری اغلب در زون ساختاری زاگرس و بخش کوچکی از آن در زون سنندج-سیرجان (مانند شهرستان‌های بن و سامان) قرارگرفته است. این استان مرتفع‌ترین استان کشور محسوب می‌شود و ارتفاع میانگین آن بالای ۲۱۰۰ متر می‌باشد. بیش از ۱۵ قله در این استان ارتفاعی بالای ۳۵۰۰ متر دارند.

رشته‌کوه‌های مرتفع زاگرس مانند زردکوه بختیاری، کوهرنگ و کوه زرآب و بخش‌هایی از کوه کینو در این استان قرار دارند که اختلاف ارتفاع آن‌ها تا کف دره بیش از ۲۰۰۰ متر می‌باشد. در میان این دره‌ها روستاها و شهرهای کوچک مشاهده می‌شود. برخی از دره‌های استان دره‌هایی طولانی، بزرگ و U شکل هستند که ازجمله آن‌ها می‌توان به دره مشایخ، دره بازفت، دره کوهرنگ و ... اشاره نمود.

هرچند در استان دشت‌هایی مانند دشت شهرکرد و گندمان وجود دارد، اما وسعت بخش‌های کوهستانی بسیار بیشتر از دشت‌های یادشده است. از سوی دیگر همین دشت‌ها نیز ارتفاع بالایی از سطح دریا دارند. به‌عنوان‌مثال ارتفاع متوسط شهرکرد بیش از ۲۰۰۰ متر است.

مورفولوژی اصلی این استان از گسل اصلی زاگرس که در بخش‌هایی از استان است، مانند ناحیه لردگان، شمال زردکوه گرفته‌شده است و از تغییرات سنگ‌شناسی آن‌ها پیروی می‌کند. شکل ۱-۱۸ نقشه توپوگرافی استان چهارمحال و بختیاری را نشان می‌دهد.

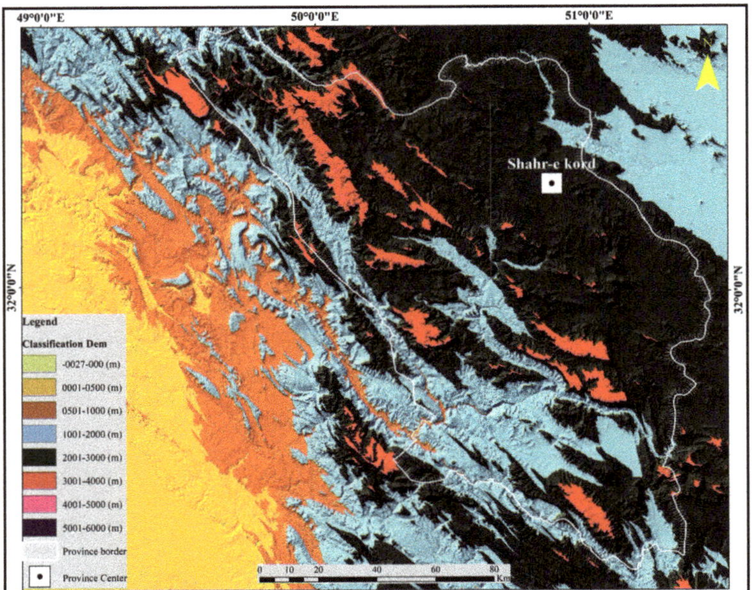

شکل ۱-۱۸. نقشه توپوگرافی استان چهارمحال و بختیاری.

۱-۶ چکیده‌ای از زمین‌شناسی استان چهارمحال و بختیاری

استان چهارمحال و بختیاری ازنظر زمین‌شناسی به‌طور عمده در زون زاگرس و بخشی از آن در زون سنندج-سیرجان جای دارد. عمده پوشش زمین‌شناسی استان در زاگرس مرتفع جای دارد و ازنظر زمین‌شناسی موارد زیر قابل‌توجه است. زمین‌شناسی واحدهای قدیمی دوران اول به‌طور شاخص در این استان در چند برش به‌خوبی نمایان است (شکل ۱-۱۹).

- **برش زردکوه** در منطقه هفت‌تنان در منطقه کیارس در دره ایل‌بیک که از سازند میلا تا سازند سروک قابل‌مشاهده است.
- **برش سبزکوه** در دره مشایخ (دره عشق، دره یاس، دره سرخون یا آبشاران علیا) که تمام واحدهای دوران زمین‌شناسی پالئوزوئیک و مزوزوئیک در آن برونزد دارند.
- **برش پرموسیری** از روستای مرادان به سمت جنوب که از سازندهای سلطانیه (بخش بالایی آن) تا سازندهای دوران مزوزوئیک را می‌توان در آن پیگیری نمود.
- در این استان مناطق مرتفع زاگرس و بخش‌های چین‌خورده زاگرس سنگ‌هایی با سن دوران دوم و سوم را دارد.

در بخش‌هایی از استان مانند ناحیه سامان سنگ‌های آذرین و متامورف برونزد دارند که سن دوران اول را دارند.

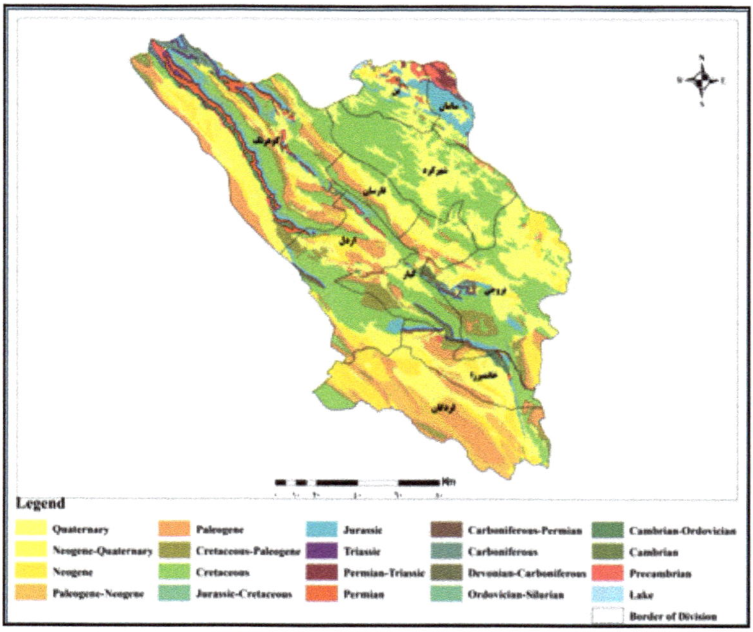

شکل ۱-۱۹. نقشه زمین‌شناسی استان چهارمحال و بختیاری.

استان چهارمحال و بختیاری

فصل دوم

اشاره‌ای به تاریخ استان چهارمحال و بختیاری

شکل ۲-۱. تفکیک مناطق بختیاری و چهارمحال از یکدیگر.

۱-۲ مقدمه

استان چهارمحال و بختیاری از دو قسمت چهارمحال به معنی چهار محله و بختیاری تشکیل شده است. چهار محله نام برده شده شامل محله‌های لار، کیار، میزدج و گندمان می‌باشد که در خاور و شمال خاوری استان قرار گرفته است. محله لار شهرستان‌های شهرکرد، سامان و بن، محله کیار شهرستان کیار، محله میزدج شهرستان فارسان و محله گندمان شهرستان بروجن را شامل می‌شود. منطقه بختیاری در باختر استان و نزدیک به استان‌های لرستان و خوزستان قرار دارد و شهرستان‌های کوهرنگ، اردل، بخشی از شهرستان کیار و لردگان را شامل می‌شود (شکل ۲-۱).

بختیاری‌های استان چهارمحال و بختیاری را دو ایل چهارلنگ و ایل هفت‌لنگ تشکیل داده‌اند. ایل چهارلنگ شامل ۵ باب و ایل هفت‌لنگ شامل ۴ باب می‌باشد. هر باب از چند طایفه تشکیل شده و معمولاً نسبت خویشاوندی به یکدیگر ندارند ولی به دلیل موقعیت جغرافیایی یکسان به این نام خوانده می‌شود.

۲-۲ چهارمحال و بختیاری در دوران پیش از اسلام

بر اساس یافته‌های باستان‌شناسی با آغاز دوران تاریخی یعنی از حدود ۵۰۰۰ سال پیش بخش‌هایی از جنوب استان در محدودهٔ دولت عیلام قرار داشته است. نتایج به دست آمده از گمانه زنی‌های (حفاری) انجام شده در منطقه بلداجی در شهرستان بروجن و کشف آجر نوشته‌ای به خط عیلامی از تپه‌ی باستانی قلعه گلی در شهرستان لردگان، حاکی از احداث یادمان یا بنای مذهبی توسط یکی از پادشاهان عیلام میانه است. این موضوع قدمت سکونت

در این منطقه و سابقه حداقل بخشی از استان را در قلمرو عیلام را نشان می‌دهد. هرچند که تفاوت‌هایی بین خوزی‌ها (عیلامی‌ها) و اقوام پارسی که بعداً حکومت هخامنشی را تشکیل دادند، وجود دارد. شواهد تاریخی نشان دهنده نزدیکی بیشتر بین اقوام پارسی و بختیاری‌ها می‌باشد. آثار به دست آمده نشانگر حضور پر رنگ هخامنشیان در منطقه چهارمحال و بختیاری است و این موضوع در زمانی است که دولت عیلام توسط دولت‌های میان رودان تضعیف شده است. در همین زمان دولت هخامنشی به تدریج قدرت می‌گیرد و دولت عیلام به تدریج بخشی از دولت هخامنشی می‌شود.

بختیاری‌ها، تمدن‌های مرکزی ایران و اقوام مهاجر با یکدیگر متحد می‌شوند و حاصل این اتحاد ظهور دولت هخامنشی است. به اعتقاد نگارنده به تمام این اقوام متحد شده و سازنده دولت هخامنشی می‌توان اقوام آریایی گفت. چه ساکنان پیشین، چه مهاجران حل شده در تمدن‌های پیشین و یا اینکه حتی مهاجرین شمال، نقش رهبری را در دست گرفته باشند این جمع و اتحاد اقوام بزرگ بود که از زمان هخامنش به تدریج شکل گرفت و در زمان جیش‌پیش پسر هخامنش انسجام بیشتری یافت و نهایتاً در زمان کورش کبیر ابتدا دولت پارس را انسجام داد و سپس دولت ماد را هم در خود ادغام کرد. بعدها پارت‌ها ساکنان ایران شرقی را نیز منسجم نمود و حکومت بزرگ و یکپارچه سراسر ایران بزرگ را شکل داد. چهارمحال و بختیاری و منطقه بختیاری و اقوام ساکن در آنجا (بختیاری‌ها) نقش بارزی در انسجام این حکومت بزرگ داشته‌اند.

وقتی شاهنشاهی هخامنشی سقوط کرد و اسکندر بر ایران غالب شد، جانشینان او تشکیل حکومت سلوکیان را دادند. از آنجا که آنها نتوانستند در تمام سرزمین‌های تصرف شده حکومت متمرکزی به وجود بیاورند، احتمالاً هم زمان با دولت سلوکیان، الیمائی‌ها در سرزمین‌های بختیاری امروزی یعنی پیرامون استان چهارمحال و بختیاری و کهگیلویه و بویراحمد و بخشی از خوزستان و بوشهر تشکیل یک حکومت نیمه مستقل دادند و خود را از سلوکیان جدا کردند. در اصل این حکومت در جنوب غرب ایران مشابه با حکومت آتروپاتکان در شمال غرب ایران یعنی آذربایجان بود. الیمائی‌ها با استفاده از نبود یک حکومت مرکزی مقتدر پس از سقوط هخامنشیان و نیز شیوه حکومت ملوک الطوایفی اشکانیان، بر قدرت خود افزودند؛ به طوریکه نواحی جنوب خوزستان تا خلیج فارس را به اشغال خود در آورده و مستقلاً به ضرب سکه پرداختند (نگاه شود به دولت الیمایها در کتاب کهگیلویه وبویر احمد). الیمائی‌ها گاه تا اقتدار کامل پیش می‌رفتند و به همین دلیل گاه اختلافاتی با دولت‌های سلوکی و اشکانی پیدا می‌کردند که منجرب به درگیری می‌شد. الیمائی‌ها در زمان سلوکیان واقعا جدا از آنها بودند و آئین، روش و رسوم خود را که از دولت هخامنش به ارث برده بودند، داشتند. پایتخت الیمائی‌ها در زمان سلوکیان ایذه و در زمان اشکانیان شوش بود. حکومت الیمائی تا زمان ساسانیان برقرار بود ولی در زمان ساسانیان به قدرت و حکمرانی الیمائی‌ها پایان داده شد.

گاه واژه الیمائی با عیلامی یکسان در نظر گرفته می‌شود. این موضوع بیشتر در واژه‌ها و متون یونانی دیده می‌شود. واقعیت این است که میان این دو حکومت دست‌کم ۳۰۰ سال فاصله زمانی وجود دارد، اما این دو تمدن تقریباً سرزمین‌های مشترکی داشته‌اند. در ایران یک باور کهن وجود دارد که بر اساس آن هیچ تمدنی هرگز به‌طور کامل خاموش نشده است، بلکه ویژگی‌های آن به زیر خاکستر می‌رود و هرگاه شرایط فراهم شود دوباره شکوفا می‌شود. برای نمونه، تمدن عیلامی در تمدن هخامنشی حل شد، اما از میان نرفت. زمانی که حکومت هخامنشی به‌دست بیگانگان سقوط کرد، ریشه‌هایی که آن تمدن را ساخته بودند دوباره سر برآوردند. در اصل، به اعتقاد نگارنده، حکومت الیمائی شکوفایی دوباره تمدن عیلامی پس از حدود ۳۰۰ سال، اما با نگرشی نو بوده است.

استان چهارمحال و مناطق بختیاری در دوره ساسانیان از اهمیت ویژه‌ای برخوردار بود، به‌ویژه به این دلیل که میان دو منطقه مهم اصفهان و خوزستان قرار داشت که هر دو از نواحی اولویت‌دار دوره ساسانی به شمار می‌رفتند. نفوذ سیاسی، اجتماعی، تمدنی و فرهنگی ساسانیان در این استان به اندازه‌ای بوده که علاوه بر بقایای جاده‌ها و پل‌ها، تعداد زیادی اشیای تاریخی ازجمله سکه‌ها و مهرها از این دوره بر جای مانده است. بردگوری‌ها نیز از کهن‌ترین آثار سنگی استان در دوران پیش از اسلام هستند که در شهرستان‌های اردل، کوهرنگ، کیار، فارسان و لردگان پراکنده‌اند.

هر چند که تاکنون کاوش‌های قابل توجه‌ای در ارتباط با تاریخ باستان‌شناسی در استان انجام نشده است. البته مورفولوژی و آب‌وهوای استان در تخریب آثار گذشته و کهن نقش زیادی داشته است.

۲-۳ چهارمحال و بختیاری در دوران پس از اسلام

با توجه به اینکه بیشتر مناطق این استان کوهستانی است و اعراب در مناطق کوهستانی توان چندانی در جنگیدن نداشتند، همچنین به‌دلیل نبود شهرهای بزرگ در آن زمان، از جنگ‌های فتح در قرون اولیه اسلام در این استان خبر چندانی در دست نیست. وجود فرهنگ بختیاری و عدم آمیختگی آن با فرهنگ عرب، و دور ماندن از نفوذ فرهنگ عرب در قرون و سال‌های اولیه اسلام، باعث حفظ برخی اصطلاحات، نام‌های ایرانی و آداب‌ورسوم باستانی در میان بختیاری‌ها شده است.

به‌عنوان مثال، در میان سوگندهای بختیاری، سوگندی چون «به تشک منور» (قسم به خورشید که یادگار آیین مهر است) دیده می‌شود. همچنین پایبندی به مراسم باستانی چون عید نوروز، جشن سده، چهارشنبه‌سوری، شب چله و دیگر آیین‌ها، همگی نشان‌دهنده تداوم فرهنگ باستانی در میان این قوم اصیل ایرانی است. وجود نام‌های ایرانی که در میان بختیاری‌ها دیده

می‌شود، نسبت به بسیاری از اقوام ایرانی دیگر مرسوم‌تر است. در قرون اولیه اسلام، با فتح خوزستان و سپس اصفهان به‌دست اعراب، مردمان این استان و بختیاری‌ها با اسلام آشنا شدند و به‌تدریج مسلمان گشتند. از آغاز دوران اسلامی تا قرن سوم هجری، این منطقه، همانند بسیاری از نواحی کوهستانی ایران ازجمله دامنه جنوبی البرز و قهستان (به مرکزیت خراسان جنوبی امروزی)، جزو ایالت جبال به‌شمار می‌آمده است.

از اواخر قرن دوم هجری، حکام محلی چهارمحال و بختیاری تابع خلفای عباسی شدند. از قرن سوم هجری به بعد، عنوان «بلاداللور» به سرزمین‌های لر اطلاق شد که شامل استان‌های کنونی لرستان، ایلام، چهارمحال و بختیاری، کهگیلویه و بویراحمد و بخش‌هایی از استان‌های فارس و خوزستان بوده است. از آغاز قرن چهارم هجری، با تقسیم منطقه «بلاداللور» به دو بخش «لُر کوچک» و «لُر بزرگ»، این عناوین جایگزین نام پیشین شدند و منطقه چهارمحال و بختیاری عنوان «لُر بزرگ» را از آن زمان تا اواسط دوره صفویه برای خود حفظ کرد.

پس از تشکیل حکومت اتابکان لُر در سال ۵۳۳ خورشیدی و قرار گرفتن منطقه چهارمحال و بختیاری در محدوده این حکومت، و به‌ویژه به‌دلیل همجواری با مرکز حکومت آنان یعنی شهر ایذه، بر اهمیت این منطقه افزوده شد. اتابکان لُر با ایجاد ثبات و امنیت، اقدامات عمرانی متعددی در منطقه انجام دادند که ازجمله مهم‌ترین آن‌ها می‌توان به راه‌سازی (راه‌های مال‌رو)، ساخت پل‌ها، احداث کاروانسراها و دیگر سازه‌های زیربنایی اشاره کرد. دوران اتابکان لُر شاخص‌ترین دوره اسلامی منطقه به‌شمار می‌آید و به همین دلیل آثار تاریخی متعددی از این دوره در چهارمحال و بختیاری شناسایی شده است. شیوه زندگی کوچ‌نشینی و نبود مراکز مهم یکجانشینی، ساختار اجتماعی و فضایی منطقه را در این دوره توجیه می‌کند. با انقراض حکومت اتابکان لُر در سال ۸۰۳ خورشیدی به‌دست تیموریان، این منطقه همچنان اهمیت خود را در تحولات سیاسی دولت تیموری حفظ کرد.

در دوره صفویه، استان چهارمحال و بختیاری به‌دلیل نزدیکی به شهر اصفهان، پایتخت صفویان، نقش مهم ایلات و عشایر، حضور ایل بزرگ بختیاری، ارتباط این ایل با خوزستان، طبیعت سرسبز منطقه و همچنین همکاری خان‌های بختیاری با حکومت مرکزی، مورد توجه ویژه پادشاهان صفوی قرار گرفت. نخستین‌بار در همین دوره بود که منطقه‌ای که پیش‌تر با نام «لُر بزرگ» شناخته می‌شد، به‌تدریج با نام «بختیاری» شهرت یافت.

ریاست ایل بختیاری از زمان انقراض حکومت اتابکان لُر تا دوران پادشاهی شاه طهماسب اول صفوی، یعنی در فاصله سال‌های ۸۱۵ تا ۹۱۲ خورشیدی، در اختیار طایفه استریکی بود. به نظر می‌رسد در این دوره، به‌دلیل عدم تمایل یا ناتوانی رهبری ایل در تمرکز بر منطقه چهارمحال، این ناحیه از قلمرو بختیاری جدا شد و به‌صورت ملوک‌الطوایفی و تحت سیطره حکام اصفهان اداره گردید. این وضعیت تا اواسط دوره قاجاریه ادامه داشت.

با توجه به نبود اسناد تاریخی معتبر برای هر سه روایت، روایت نخست به دلیل همخوانی بیشتر با ساختار نظام مالیاتی ایلات، منطقی‌تر به نظر می‌رسد.

برداشت دیگری نیز وجود دارد که بر اساس آن، شاه صفوی برای ایجاد تفرقه و تضعیف قدرت ایلات بختیاری، این تقسیم‌بندی را اعمال کرده است؛ همان‌گونه که در دوره قاجاریه نیز سیاست‌هایی برای ایجاد اختلاف میان بختیاری‌ها دنبال شد. به هر حال، به نظر می‌رسد حکومت صفوی با آگاهی از قدرت سیاسی و نظامی بختیاری‌ها، در پی کاهش انسجام و نیروی یکپارچه آنان بوده است.

همان‌گونه که پیش‌تر اشاره شد، منطقه چهارمحال و بختیاری در دوره صفویه مورد توجه ویژه شاهان این سلسله قرار داشت. از مهم‌ترین دلایل این توجه می‌توان به موارد زیر اشاره کرد:

- انتقال سرچشمه آب کارون به سرچشمه زاینده‌رود به‌منظور افزایش آب زاینده‌رود در فصل تابستان و دوره‌های خشکسالی، هرچند این طرح تا قرن چهاردهم خورشیدی به اجرا نرسید.
- استفاده شاهان صفوی از آب‌وهوای معتدل و خنک چهارمحال و بختیاری در فصل گرما.
- نفوذ و حضور ایل بختیاری در خوزستان به‌منظور مهار اعراب جنوب، که گاه ادعای حاکمیت در این نواحی داشتند.

در سال ۹۹۴ خورشیدی جنگی میان شاه‌عباس کبیر و روسیه درگرفت. شاه ایران با لشکری متشکل از نیروهایی از سراسر کشور، ازجمله منطقه بختیاری، به سرداری جهانگیرخان به روسیه لشکر کشید. این لشکرکشی با پیروزی شاه‌عباس به پایان رسید و از آن پس سرداران بختیاری مورد توجه قرار گرفتند.

در زمان شاه‌عباس اول و با انتقال پایتخت صفویان از قزوین به اصفهان و پیگیری طرح انتقال آب کوهرنگ به زاینده‌رود به‌صورت اجرایی، بر اهمیت این منطقه بیش از پیش افزوده شد. در منابع آن دوره از مناطق مختلف چهارمحال و بختیاری نام برده شده است. بر اساس نوشته‌های منابع دوره صفوی، خلیل‌خان، پسر جهانگیرخان، پس از وی به حکومت بختیاری رسید.

بر اساس مطالعات انجام‌شده، بخشی از نقاط استان در این دوره جزو املاک و متصرفات طوایف کوچ‌نشین قشقایی بوده است. همچنین در این زمان تعداد قابل توجهی از ارامنه در نقاط خوش‌آب‌وهوای چهارمحال اسکان داده شدند.

هسته اولیه بسیاری از شهرهای امروزی استان در دوره صفویه شکل گرفته است. در این زمان مرکز حکومتی و دولتی منطقه در قهفرخ، فرخ‌شهر کنونی، قرار داشت. از این دوره آثار و بناهای بسیاری برجای مانده است.

۲-۳-۱ چهارمحال و بختیاری در دوران افشاریه

در دوره افشاریه منطقه‌ی چهارمحال و بختیاری به دلیل هم‌جواری با شهر بزرگ اصفهان و برخورداری از شرایط طبیعی خاص و همچنین به علت نزدیکی قومی با سایر مناطق هم‌جوار استان همچون بخش‌هایی از استان خوزستان، فارس و نیز استقرار ایل بزرگ بختیاری و وجود خوانین و سرکردگان قدرتمند که درصدد دستیابی به قدرت بودند، اهمیت بسیاری داشته است. در این دوره با توجه به بروز شورش‌های مختلف علیه دولت مرکزی در منطقه‌ی بختیاری و ماهیت نظامی دولت افشار، منطقه‌ی چهارمحال و بختیاری بارها مورد لشکرکشی قوای نادرشاه افشار قرارگرفته است.

اداره امور بختیاری‌ها و کار جمع‌آوری مالیات و سربازگیری از آن‌ها در دوران افشاریه، توسط حاکمانی که از سوی نادر به این مقام گمارده می‌شدند، صورت می‌گرفت.

نادرشاه اداره امور چهارمحال را به یکی از سرداران خویش به نام محب علی بیک واگذار نمود و قریه شهرک (شهر کیان فعلی) را مقر حکومت وی قرارداد. محب علی بیک علاوه بر اداره امور منطقه‌ی چهارمحال به اقداماتی نظیر جمع‌آوری مالیات، رسیدگی به شکایات، ایجاد امنیت درراه‌های منطقه و انجام اقدامات عمرانی و احداث بناها پرداخت. از آثار افشاریه مسجدی در شهرک وجود دارد که بر اساس نوشته‌های کتیبه آن ساختش به محب‌علی نسبت داده‌شده است.

مشارکت بختیاری‌ها در فتح قلعه قندهار توسط سردار معروف نادر، علی صالح خان بختیاری یکی از وقایع مهم و ماندگار این دوران است. بعدازاین واقع بود که این سردار به ریاست و سرداری ایل بختیاری تعیین شد.

واقعیت این است که در جنگ نادر علیه طایفه محمود افغان در ناحیه قندهار یکی از طایفه‌های بختیاری که مردان آن در رکاب نادر جنگیدند، طایفه میوند یا ممی‌وند بودند. مردان این طایفه پس از جنگ قندهار به لرستان برنگشتند (شاید دلیل آن جلوگیری از شورش دوباره توسط بازماندگان محمود افغان بوده است). هم‌اکنون در نزدیکی قندهار روستای به نام میوند وجود دارد که از این طایفه نام‌گرفته و ساکنان آن همان بختیاری‌های زمان نادر هستند. از این نام در تاریخ افغانستان بسیار با غرور یاد می‌شود؛ زیرا که ۱۴۰ سال بعد از جنگ نادر، نبردی بین انگلیس و افغان‌ها رخ می‌دهد که مردمان این طایفه (میوند) در برابر انگلیسی‌ها جنگیدند و شکست سختی به آن‌ها دادند. امروزه افغان‌ها باافتخار نام میوند را بر فرزندان خود می‌گذارند.

۲-۳-۲ چهارمحال و بختیاری در زمان زندیه

با کشته شدن نادرشاه در سال ۱۱۲۵ خورشیدی طوایف بختیاری که در خراسان در تبعید بودند، به کمک عادل شاه جانشین نادرشاه رفته و او را در محاصره کلات نادری و تصرف خزائن موجود یاری کردند. سپس به دیار خود چهارمحال و بختیاری برگشتند و درصدد تجدیدقوا برآمدند.

پس از مرگ نادرشاه افشار که در زمان حکومتش سعی کرده بود تا قدرت ایلات و طوایف را درهم شکند، خوانین بختیاری همچون علی‌مردان خان چهار لنگ و ابوالفتح خان هفت لنگ رقابت خود را با دیگر مدعیان قدرت درصحنه‌ی سیاسی کشور آغاز کردند و مدتی امور اصفهان یعنی مرکز حکومت آن زمان ایران را اداره کردند، ولی به دلیل وجود اختلافات داخلی و شرایط خاص کشور موفقیتی به دست نیاوردند و کریم‌خان از طایفه زند که او نیز لر بود البته نه لر بختیاری، به حکومت رسید.

سپس علیمردان خان با یاری سوارانش از طرف شاهرخ خان زند به‌قصد سرکوب ابوالفتح خان حاکم اصفهان به وی حمله‌ور شد که درنهایت حاکم اصفهان مغلوب گردید. پس از اتمام جنگ هر سه بر سر میز مذاکره نشستند و تصمیم بر آن شد که میرزا ابوتراب فرزند صدرالممالک و دخترزاده شاه سلطان حسین صفوی را که هشت سال بیشتر نداشت به پادشاهی گماشتند و آن را شاه اسماعیل خواندند. علیمردان خان نایب‌السلطنه و کریم‌خان زند وکیل الدوله شدند. همچنین ابوالفتح خان حاکم اصفهان باقی ماند.

بعد از مدتی علیمردان خان به هوس پادشاهی، کریم‌خان زند را به سرکوبی حاکمان متمرد کردستان و همدان روانه ساخت و از این فرصت استفاده نمود و ابوالفتح خان را به قتل رساند و شاه اسماعیل (ابوتراب) را از حکومت برکنار کرد. سپس قصد تصرف فارس را نمود و پس از تسخیر از دو منطقه فارس و اصفهان بهره‌مند شد. کریم‌خان پس از اطلاع از این وقایع با لشگریانش به‌سوی او تاخت و در جنگ‌هایی که در مناطق سراب کران در میزدج و دشت گندمان صورت گرفت، علیمردان خان کشته شد و زمام کشور به دست کریم‌خان زند که خود از فرماندهان نادرشاه بود افتاد. درنتیجه طایفه زند به‌تدریج پادشاه ایران شد. پس از دوران ایران باستان برای اولین بار سرنوشت کل کشور به دست یک فرد لر یعنی کریم‌خان زند که از ملایر (زاده روستای زنگنه) برخاسته بود، افتاد. کریم‌خان تنها پادشاه در ایران است که هیچ‌وقت خود را شاه نخواند و خود را وکیل‌الرعایا نامید.

در این دوران منطقه‌ی چهارمحال و بختیاری به دلیل موقعیت ویژه طبیعی و جغرافیایی و نیز حضور خوانین مدعی قدرت، اهمیت بسیاری داشت؛ زیرا این منطقه یا عرصه درگیری‌ها و جنگ‌ها بود و یا در مسیر لشکرکشی‌ها قرار داشت؛ بنابراین نام بسیاری از مناطق استان در متون و منابع تاریخی این دوره ذکرشده است.

کریم‌خان نیز در ادامه سیاست دولت‌های صفویه و افشاریه، برای مقابله با شورش‌ها دست به جابجایی گسترده و گروهی از طوایف بختیاری زد. بااین‌حال در این دوره اقداماتی در زمینه‌های عمران و آبادانی منطقه چهارمحال و همچنین در راستای آموزش امور مذهبی و حمایت از سادات به عمل آمد. هم‌زمان با حکومت زندیه، مرکز حکومتی چهارمحال پس از قتل محب علی بیک و با ظهور خاندان بانفوذ ریاحی، به قریه چالش تر منتقل شد.

۲-۳-۳ چهارمحال و بختیاری در عصر قاجاریه

حضور بختیاری‌ها درصحنه‌های جنگ و کارزار تحت فرمان شاه از دوران صفویه شروع و در اواخر این عصر شکل گرفت. این امر در دوران افشاریه و زندیه به‌خوبی خود را نشان داده و در عصر قاجاریه این حضور گسترش چشمگیری داشته است. بختیاری‌هایی که از زمان علی‌مردان خان سودای به قدرت رسیدن را در سر می‌پروراندند به‌ناچار در برابر قدرت کریم‌خان زند که خود لر بود، سر تسلیم فرود آوردند. هرچند که با مرگ کریم‌خان و جانشین خلف او یعنی لطفعلی‌خان زند سر به شورش مجدد برداشتند.

آقا محمدخان قاجار که در این زمان قیام کرده بود، بلافاصله به اصفهان و از آنجا به منطقه بختیاری آمد و جماعت شورشی را سرکوب نمود. ازآن‌پس و در دوران حکومت آغامحمدخان، بختیاری‌ها به دو گونه درصحنه فعالیت سیاسی و نظامی ظهور کردند. عده‌ای همراه سپاه خان قاجار به اقصی نقاط کشور رفته و همپای لشگریان او در فتح و پیروزی‌ها مشارکت نموده و افتخاراتی را نصیب خود کردند. عده‌ای دیگر هم گاه تحت سرپرستی یکی از سرداران ایل مانند ابدال خان سر به شورش برداشته به فتح اصفهان اقدام می‌نمودند که البته بعد از چندی مغلوب سپاه قاجار شده و به طایفه خود پناه می‌بردند.

همزمان با حاکمیت قاجاریه در ایران، محمدتقی خان بختیاری از حکمرانان قوی در سرزمین بختیاری بود که توانست تا حدی همه ایلات و طوایف بختیاری را باهم متحد سازد. حاکمان قاجار که از افزایش قدرت هرروزه محمدتقی خان بختیاری نگران شده بودند به فکر نابودی او افتادند. سپس در یک جنگ ناجوانمردانه او را دستگیر و زندانی کردند و درنهایت او در زندان درگذشت.

در زمان فتحعلی شاه قاجار، قدرت برتر در ایل بختیاری اسدخان بهداروند معروف به شیر گُش بود که دارای دلیری‌های زیادی در مقابل حکومت و بیگانگان بود. بابا رستم بختیاری از مشهورترین عرفای اوایل دوره قاجاریه در اصفهان بود. از سال ۱۲۲۵ تا ۱۲۴۵ خورشیدی، الیاس‌خان بختیاری مدت کوتاهی ریاست ایل بختیاری را بر عهده داشت. او در جنگ ایران و روسیه به دستور فتحعلی شاه قاجار، سه هزار نفر از سپاه بختیاری را به فرماندهی برادرش حسن خان برای کمک به سپاه عباس میرزا فرستاد که شجاعانه در مقابل لشگر روس جنگیدند. حتی وقتی‌که سپاه ایران عقب‌نشینی می‌کرد، بختیاری‌ها جنگ را ادامه دادند تا وقتی‌که در محاصره لشگر روس قرار گرفتند و اسیر شدند که بعد از امضای قرارداد صلح ایران و روسیه آزاد شدند.

در دوره ناصرالدین‌شاه قاجار، همه قدرت در دست حسینقلی خان ایلخان بختیاری افتاد. او سعی کرد همه بختیاری‌ها را متحد کند ولی با توطئه‌ای در اصفهان توسط ظل السلطان پسر دیکتاتور و ظالم ناصرالدین‌شاه، حاکم قاجار به قتل رسید. در دوره‌های بعدی برادران و فرزندان

او ایلخانان بختیاری شدند. سردار اسعد نیز از این خاندان است. بختیاری‌ها در سرنوشت ایران و جریان انقلاب مشروطیت نقش زیادی داشتند. ایل بختیاری به رهبری سردار اسعد بختیاری در تاریخ معاصر ایران، در اواخر حکومت قاجار و اوایل دوران پهلوی نقش‌آفرینی کرده‌اند. زمانی که محمدعلی شاه مجلس را به توپ بست مشروطه خواهان را زندانی و اعدام نمود. مقاومت تبریز به رهبری ستارخان و فتح تهران توسط سردار اسعد بختیاری باعث نجات انقلاب مشروطیت شد.

به دنبال تقاضاهای اعضای کمیته‌ی مشروطه خواهان اصفهان و علمای بانفوذی همچون حاج‌آقا نورالله اصفهانی، مجاهدین مشروطه‌خواه چهارمحال و بختیاری به فرماندهی خوانین بانفوذ بختیاری به ویژه «حاج ابراهیم‌خان ضرغام السلطنه»، «نجف‌قلی خان صمصام السلطنه» و «حاج علی‌قلی خان سردار اسعد دوم» پس از آزادسازی اصفهان از دست قوای دولتی، به همراهی نیروهای مشروطه‌خواه گیلان و آذربایجان، در سال ۱۲۸۷ خورشیدی با شکست قوای محمدعلی شاه تهران را تصرف و به دوران استبداد صغیر پایان دادند.

از این پس خوانین بختیاری موفق به دستیابی به مقامات و مناصب مهم دولتی و موقعیت‌های مناسب اجتماعی و اقتصادی شدند. حضور کمپانی «لینچ» در منطقه و قرارداد خوانین بختیاری با آن‌ها برای احداث جاده‌ای کاروان رو که خوزستان را به اصفهان متصل می‌کرد و نیز قرارداد انگلیسی‌ها در مورد نفت جنوب با خوانین بختیاری، شرایط و موقعیت‌های مناسبی برای آن‌ها فراهم آورد. کاخ‌ها و قلعه‌های زیادی از این دوره در مناطق مختلف چهارمحال متعلق به خوانین برجای مانده است.

در اصل از زمان مشروطیت بخصوص بعد از فتح تهران و نجات انقلاب مشروطیت به همت والای سردار اسعد بختیاری، بختیاری‌ها در تحولات بعد از قاجار و به قدرت رسیدن پهلوی اول هم نقش ایفا نمودند. حتی همسر دوم پهلوی دوم (ثریا بختیاری) نیز از بختیاری‌ها بود. چون ثریا نمی‌توانست صاحب فرزندی شود، پهلوی دوم برای بقای خود به ازدواج سوم اقدام کرد. البته نگارنده در میان بختیاری‌ها این صحبت را شنیده است که انگلیسی‌ها نمی‌خواستند ادامه پادشاهی در ایران به نژاد بختیاری برسد و به همین منظور ثریا را نازا کردند.

اشاره‌ای به علی‌قلی‌خان سردار اسعد

علی‌قلی‌خان سردار اسعد چهارمین فرزند حسین‌قلی‌خان ایلخانی بختیاری در سال ۱۲۳۶ خورشیدی در شهر جونقان متولد شد. پدر او از رجال منتخبه دوره قاجاریه و ایلخان بختیاری بود که با اتحاد طایفه‌های مختلف، موقعیت و قدرت بالایی در منطقه به دست آورده بود. مادر علی‌قلی‌خان، بی‌بی مهری‌جان، دختر نجف‌خان و نوه الیاس‌خان بختیاری بود. از کودکی، هوش و ذکاوت فطری علی‌قلی‌خان توجه ایلخانان بختیاری را به خود جلب کرد و او به تدریج به یکی از برجسته‌ترین شخصیت‌های سیاسی و نظامی ایل تبدیل شد. در کنار او، خواهرش

بی‌بی مریم بختیاری نیز به عنوان یکی از بانوان فعال، جنگ‌آور و تأثیرگذار در انقلاب مشروطه شناخته می‌شد و نقش مهمی در دفاع از حقوق بانوان و حمایت از میهن در زمان جنگ جهانی اول ایفا کرد (شکل ۲-۲ و ۲-۳).

شکل ۲-۲. سردار اسد بختیاری، ناجی مشروطیت، فاتح، (علیرضا زرآسوندی).

شکل ۲-۳. یکی از بانوان شیر زن بختیاری، (همان).

علی‌قلی‌خان بعد از گذراندن دوران طفولیت به تحصیل مشغول شد و با یادگرفتن زبان عربی و قرآن به تحصیل علوم خارجی ازجمله زبان فرانسوی پرداخت. حسین‌قلی‌خان معلمی برای تعلیم وی در نظر گرفت. وی در اندک زمانی زبان فارسی و خط تحریر را فراگرفت و بعدازآن به مقدمات عربی و ادبی از نحو، صرف، منطق و بدیع و بیان امثله عرب مشغول شد. او بنابر اصول تربیت ایلی فنون رزم، اسب‌سواری و تیراندازی را در دامان طبیعت زیبای بختیاری فراگرفت.

علی‌قلی‌خان در سال ۱۲۶۰ خورشیدی به همراه پدرش ایلخان و اسفندیار خان برادر بزرگش به تهران احضار شدند و به دیدار ناصرالدین‌شاه نائل گردیدند. در این ملاقات تصمیماتی گرفته شد و از آن جمله این دو برادر با صد سوار بختیاری عضو کشیک‌خانه سلطنتی شدند، ولی اقدامات اسفندیار خان و علی‌قلی‌مان در تهران طولانی شد و به تقاضای ظل‌السلطان (حکمران اصفهان)، شاه موافقت کرد که این دو برادر به اصفهان بازگردند. ظل‌السلطان در ۲۲ خرداد ۱۲۶۱ خورشیدی ایلخان و دو پسرش را برای شرکت در یک رژه نظامی دعوت کرد. بی‌خبر از آنکه ظل‌السلطان از سفر تهران، نقشه نابودی او را با خود آورده است. برای ظل‌السلطان (حکمران مقتدر اصفهان) تحمل قدرت ایلخانی دشوار و خطرناک بود. فرهادمیرزا معتمدالدوله که براثر دسایس ظل‌السلطان از حکومت فارس برکنار شده بود، در تهران ذهن شاه را نسبت به ظل‌السلطان مشوش نمود و برای خراب کردن قدرت ایلخانی امکان طغیان او را مطرح کرد و ظل‌السلطان را به‌غفلت از این خطر متهم ساخت. به همین مناسبت ظل‌السلطان به تهران احضار شد و شاه نظریات معتمدالدوله و خطر ایلخانی را با وی درمیان گذاشت. قدرت روزافزون ایلخانی موجب هراس ظل‌السلطان شد. ظل‌السطان که از قدرت ایلخانی دل‌خوشی نداشت وقتی دید که معتمدالدوله باسیاست ذهن شاه را مشوش کرده زمان را برای نابود کردن ایلخانی مناسب شمرد و دستور نابودی ایلخانی را گرفت و به اصفهان بازگشت. بعد از مراسم رژه در چهل‌ستون از خوانین پذیرایی شد. در این پذیرایی یک فنجان قهوه با زهر مهلک به ایلخان (حسین‌قلی‌خان) داده شد و وی را روانه زندان کردند. پس از دو روز وی در زندان درگذشت. همچنین دو فرزندش به دستور ظل‌السلطان به زندان افتادند. در این ایام امام‌قلی خان و رضاقلی‌خان عموهای حاج‌علی‌قلی‌خان از طرف ظل‌السلطان به لقب ایلخانی و ایل‌بیکی منصوب گردیدند و مدت ۶ ماه این مقام را حفظ کردند.

علی‌قلی‌خان بعد از یک سال در تاریخ ۱۲۶۲ خورشیدی به‌واسطه سعی و اقدام دوستان از زندان آزاد شد و خود را به تهران و خانه امین‌السلطان صدراعظم رسانید. در سال ۱۲۶۷ خورشیدی که ظل‌السلطان از حکومت اصفهان معذول گردید، اتابک، اسفندیارخان را که در زندان بود به‌اتفاق علی‌قلی‌خان به تهران احضار کرد و موجبات مرحمت شاه را نسبت به آن‌ها فراهم نمود. اسفندیارخان با گرفتن لقب سردار اسعد و خلعت سلطنتی رئیس ایل شد و به منطقه بختیاری رفت و علی‌قلی‌خان در تهران فرمانده پنجاه نفر از نظامیان ناصرالدین شاه شد، ولی حقیقت این بود که شاه به دلیل جلوگیری از طغیان سران ایلخانی، علی‌قلی خان را در تهران به عنوان گروگان نگاه داشت. وی در این مدت با اوضاع سیاسی و اجتماعی تهران آشنا شد. بزرگان و رجال سیاسی را شناخته و با بعضی از مأموران سیاسی ازجمله چند تن از دیپلمات‌های انگلیسی آشنا گردید و در سال ۱۲۷۲ خورشیدی به منصب و نشان امیرتومانی نائل گردید. در ۱۱ اردیبهشت ۱۲۷۵ که حادثه ترور ناصرالدین شاه رخ داد، سرتیپ حاج علی‌قلی‌خان با سواران

خود در طول مرگ ناصرالدین‌شاه تا روی کار آمدن مظفرالدین شاه که حدود چهل‌وچند روزبه طول انجامید، حفاظت کاخ گلستان و ابنیه سلطنتی را به عهده داشت. اتابک با آغاز سلطنت مظفرالدین شاه امتیاز راه‌سازی بین اصفهان و اهواز را از شاه گرفت. امتیاز جاده لینچ در ۲ اردیبهشت ۱۲۷۶ خورشیدی در ۸ فصل و برای مدت ۶۰ سال به اسفندیارخان، محمدحسن‌خان سپه‌سالار و حاج علی‌قلی‌خان واگذار شد. با انعقاد قرارداد لینچ و مرگ اتابک، علی‌قلی‌خان دیگر به گارد سلطنتی مراجعه نکرد و بیشتر اوقات خود را در منطقه بختیاری گذرانید و کاخ زیبای خود را به دو سبک ایرانی-بختیاری و مدرن در جونقان بنا نهاد.

علی‌قلی‌خان در سال ۱۲۷۹ خورشیدی جهت ادامه تحصیلات راهی اروپا شد. در سال ۱۲۸۲ خورشیدی که اسفندیارخان سردار اسعد اول فوت کرد، علی‌قلی‌خان مدتی به منطقه بختیاری رفت و میان برادران خود با فرزندان امام‌قلی‌خان صلح و آشتی برقرار کرد و در سال ۱۲۸۴ خورشیدی به‌فرمان مظفرالدین شاه لقب سردار اسعد و نشان حمایل به وی اعطا شد و وی را مأمور استقرار امنیت در لرستان نمودند. علی‌قلی خان بعد از درگذشت مظفرالدین شاه برای بار دوم برای معالجه چشم رهسپار فرنگ شد. علی‌قلی‌خان از بیشتر شهرهای اروپا دیدن کرد و در پاریس اقامت گزید و زبان فرانسه خود را کامل کرد تا جایی‌که به ترجمه چند کتاب فرانسوی پرداخت. در ایام اقامتش در پاریس از به توپ بستن مجلس توسط محمدعلی شاه که با روس‌ها هم آهنگ بود آگاه شد. در دوره موسوم به استبداد صغیر مخبرالسلطنه، احتشام‌السلطنه و ممتازالدوله برای اعاده آزادی در پاریس انجمنی تشکیل دادند. بیشتر مخارج این انجمن را ظل‌السلطان و پسرش جلال‌الدوله که در پاریس اقامت و ادعای سلطنت داشتند می‌پرداختند. گاهی مراسم در پاریس در منزل علی‌قلی‌خان سردار اسعد برگزار می‌شد، چون وی مردی ثروتمند بود و برای خود خانه‌ای داشت. در این زمان در طی عزل صمصام‌السلطنه به دست محمدعلی شاه از حکومت ایل بختیاری و جانشین کردن سردار ظفر شورش‌هایی برپاشد؛ بنابراین علی‌قلی‌خان به ایران سفر کرد و با رایزنی‌هایی موجب صلح بین برادران و عموزاده‌های خود شد و دوباره به پاریس بازگشت. با گذشت زمان با شنیدن خبر سقوط اصفهان و قتل آقابالاخان دوباره وارد ایران شد و به اصفهان آمد، ولی با شنیدن شورش‌هایی در برخی شهرهای ایران و با ایجاد صلح در میان آنها با تدابیری که در پیش گرفت عزم ورود به تهران با قشون را کرد و در نهایت در سال ۱۲۸۸ خورشیدی سردار اسعد و هم‌پیمانی که او را همراهی می‌کرد (سردار تنکابنی) با پرچم‌های سفید به تهران وارد شدند. در این زمان با فرار محمدعلی‌شاه به سفارت روس، جلسات مجلس در بهارستان برگزار شد. در طی تصمیمات مجلس محمدعلی‌شاه عزل و پسرش احمدمیرزا به پادشاهی رسید و از آنجایی که احمدمیرزا سن کمی داشت، نیابت سلطنت آن را علیرضاخان به عهده گرفت. در این مجلس سردار اسعد به عنوان وزیر داخله معرفی شد و در ۹ فروردین ۱۲۸۹ خورشیدی به

حکم وزارت جنگ منصوب شد. یک هیئت مدیره دوازده نفره ایجاد و علی‌قلی‌خان سردار اسعد یکی از افراد آن به شمار می‌رفت. علی‌قلی‌خان در دوره مشروطه عضو مجلس شورای ملی گردید. به روایت تاریخ از آنجایی که وی نفوذ زیادی داشت و چون بیشترین نقش را در پیروزی مشروطه ایفا کرد، این قدرت را داشت تا خود شاه ایران شود اما به دلیل روحیه آزادی‌خواهی از این موقعیت استفاده نکرد.

پس از آن با به وجود آمدن اختلافات فراوان میان مشروطه‌خواهان و ظهور چهره‌های جدید و دخالت‌های بیگانگان، بختیاری‌ها از مشروطه کناره گرفتند و سردار اسعد هم نیز از قدرت کناره گرفت و پس از آن از پذیرفتن هر مقام رسمی خودداری کرد. کم‌کم در بینایی وی نقصان ایجاد شد تا جایی که در اواخر سال ۱۲۹۲ خورشیدی بینایی خود را به‌طور کامل از دست داد و در سال ۱۲۹۴ خورشیدی دچار سکته و فلج گردید و در سال ۱۲۹۶ خورشیدی درگذشت.

در زمان حکومت پهلوی دوم، دولت سیاست مدارا با عشایر را در پیش گرفت و افراد بختیاری تا درجات بالای دولتی ترقی یافتند. برخی از خوانین بختیاری به دربار و مجلس سنا راه یافته و یا نظیر تیمور بختیار (اولین رئیس سازمان امنیت کشور) و شاپور بختیار (آخرین نخست وزیر پهلوی دوم) به مقامات مهمی دست یافتند.

۴-۳-۲ چهارمحال و بختیاری در دوران پهلوی

با به قدرت رسیدن پهلوی اول و اجرای سیاست تمرکز و تسلط بر ایلات و عشایر، اسکان اجباری و خلع سلاح آنان، مقام‌های ایلخانی و قدرت ایل‌بیگی از میان رفت و امور بختیاری‌ها توسط خوانین، کلانتران و مقاماتی که از مرکز تعیین می‌شدند، اداره می‌شد. در دوره پهلوی، بختیاری‌ها که تمام منطقه را در دست داشتند، نقش سیاسی خود را از دست داده بودند. با توجه به امنیت ایجاد شده و رویدادهایی چون اسکان اجباری عشایر و انجام اصلاحات ارضی در دوره پهلوی دوم، کوچ‌نشینی کم رونق و یکجانشینی گسترش یافت.

در این دوره با تاسیس برخی نهادها و موسسات دولتی در شهرکرد، این محل که از اواسط دوره قاجار اهمیت یافته بود، عملا به مرکز سیاسی و حکومتی منطقه تبدیل شد.

در زمان حکومت پهلوی دوم، دولت سیاست مدارا با عشایر را در پیش گرفت و افراد بختیاری تا درجات بالای دولتی ترقی یافتند. برخی از خوانین بختیاری به دربار و مجلس سنا راه یافته و یا نظیر تیمور بختیار (اولین رئیس سازمان امنیت کشور) و شاپور بختیر (آخرین نخست وزیر پهلوی دوم) به مقامات مهمی دست یافتند.

فصل سوم

مردم شناسی، فرهنگ، میراث فرهنگی

شکل ۳-۱. مناطق مسکونی بختیاری‌ها و چهارمحالی‌ها.

۳-۱ مقدمه

همان‌طور که گفته شد، استان چهارمحال و بختیاری از نظر تقسیمات فرهنگی و تاریخی به دو بخش اصلی تقسیم می‌شود: منطقه چهارمحال و منطقه بختیاری.

منطقه چهارمحال شامل چهار ناحیه‌ی لار، کیار، میزدج و گندمان است و منطقه بختیاری نیز شهرستان‌های کوهرنگ، اردل، لردگان، فارسان، خانمیرزا و بخش ناغان از شهرستان کیار را دربر می‌گیرد.

البته گستره‌ی قوم بختیاری بسیار فراتر از مرزهای استان چهارمحال و بختیاری است و بخش‌های وسیعی از استان‌های خوزستان، لرستان، اصفهان و حتی کهگیلویه‌وبویراحمد را نیز شامل می‌شود که در بخش مربوط به قوم بختیاری به آن پرداخته خواهد شد. با وجود هم‌زیستی طولانی این دو منطقه، تفاوت‌های فرهنگی مهمی بین آنان دیده می‌شود. بختیاری‌ها ساختار قومی، ایلی و عشایری مشخصی دارند و زبان آنان لری بختیاری است. اما چهارمحالی‌ها فاقد ساختار ایلی منسجم‌اند و گویش آنان با بختیاری تفاوت دارد. در برخی مناطق، مانند بن و سامان، جمعیت قابل‌توجهی از ترک‌های قشقایی سکونت دارند و در نقاطی نیز خانواده‌هایی با ریشه عرب حضور دارند. با این حال، زبان غالب در منطقه چهارمحال فارسی است که در هر ناحیه با گویش‌ها و لهجه‌های بومی متفاوتی همراه است.

۳-۲ اقوام بختیاری استان چهارمحال و بختیاری

همان‌طور که گفته شد، بخشی از استان چهارمحال و بختیاری را بختیاری‌ها تشکیل می‌دهند؛ اما گستره جغرافیایی قوم بختیاری بسیار وسیع‌تر از مرزهای این استان است.

در واقع، بخش‌های بزرگی از استان‌های اصفهان، کهگیلویه و بویراحمد، خوزستان و همچنین بخش‌هایی از لرستان و بوشهر نیز بختیاری‌نشین‌اند. در این پهنه‌ی جغرافیایی گسترده، نام‌گذاری‌ها و تقسیم‌بندی‌های درونی میان بختیاری‌ها تفاوت‌هایی دارد که بیشتر به ساختار طایفه‌ای و ایلی آنان بازمی‌گردد. بر همین اساس، قلمرو زندگی و رفت‌وآمد تاریخی بختیاری‌ها را می‌توان در استان‌های خوزستان، اصفهان، چهارمحال و بختیاری، لرستان و کهگیلویه‌وبویراحمد دانست و در برخی موارد نیز نقاط پراکنده‌ای در فارس، ایلام و بوشهر را شامل می‌شود (شکل ۳-۱).

به‌طور کلی، بختیاری‌ها مردمانی ایرانی به شمار می‌روند که در جنوب‌باختری ایران سکونت دارند و حضورشان در این نواحی، سابقه‌ای چندصدساله و در برخی مناطق حتی کهن‌تر دارد.

۳-۲-۱ نژاد و پیشینه تاریخی بختیاری‌ها

درباره نژاد و خاستگاه اقوام بختیاری نظرهای مختلفی وجود دارد، ولی بر اساس پژوهش‌های محققان و یافته‌های به‌دست آمده از مطالعات باستان‌شناسی می‌توان این نظر را تأیید کرد که بختیاری‌ها از قوم پارس و بازمانده اقوام عیلامی بوده که هر دو از اقوام بزرگ ایرانی هستند و در زمان‌های مختلف حاکمیت بخش‌هایی از ایران را در دست داشته‌اند. درگذر زمان اقوام دیگری نیز به آن‌ها اضافه شده است و در زمان هخامنشیان همگی باهم حکومت هخامنشی را تشکیل داده‌اند.

برای نخستین بار، حمدالله مستوفی در آثار خود هنگام شمارش نژادهای لرِ بزرگ از بختیاری‌ها نام برد و آنان را از نژادهای بزرگ ایران دانست. لرِ بزرگ در برابر لرِ کوچک قرار می‌گیرد که عمدتاً شامل مردمان استان‌های لرستان و ایلام امروزی است. بختیاری‌ها از دیرباز، یکی از شاخه‌های اصلی لر بزرگ به شمار می‌رفته‌اند؛ اقوامی که پس از قدرت‌یابی، آوازه فراوان یافتند و بر پهنه‌های وسیعی از سرزمینی که امروز در آن ساکن‌اند، استیلا پیدا کردند. تقسیم‌بندی مردم لر به دو شاخه لر بزرگ و لر کوچک به دوران فرمانروایی هزاراسپیان در منطقه لرستان بازمی‌گردد و از آن زمان در منابع تاریخی تداوم یافته است. درباره‌ی ریشه واژه بختیاری دیدگاه‌های متفاوتی بیان شده است. برخی آن را برگرفته از «باختر» می‌دانند که خود از «باکتریا» یا بلخِ کهن ریشه گرفته است. گروهی دیگر بر این باورند که خاستگاه لرها و از جمله بختیاری‌ها به اقوام سَکا می‌رسد. رومن گریشمن، باستان‌شناس بنام فرانسوی، نیز هنگام بررسی‌های خود در نواحی بختیاری گفته است:

«من به همه سرزمین‌های بختیاری نرفتم، جز اینکه در آنجا عیلامی یافتم.»

این عبارت نشان می‌دهد که سرزمینی که اکنون بختیاری‌ها در آن زندگی می‌کنند، پیش از نفوذ اقوام هندواروپایی، بخشی از قلمرو عیلام باستان بوده است؛ نکته‌ای که در فصل دوم نیز بدان اشاره شد. حسین پژمان بختیاری، شاعر، مترجم و پژوهشگر معاصر که خود از تبار بختیاری است، می‌نویسد:

«کلمه بختیاری، به‌معنای خوشبخت است و برخی از رؤسای طوایف نیز به این نام شهرت داشته‌اند. رفته‌رفته، با گذشت زمان، این نام به همه افراد ایل اطلاق شد». وی همچنین شباهت‌هایی میان بختیاری‌ها با لرهای لرستان و سکاها برمی‌شمرد؛ از جمله برخی واژگان مشترک و نیز قامت‌های تنومند و استخوان‌بندی درشت که در میان این گروه‌ها دیده می‌شود.

در تیرماه ۱۲۸۸ خورشیدی اوضاع سیاسی ایران به اوج تنش خود رسیده بود. قوای سردار اسعد بختیاری در قم و نیروهای سپهدار تنکابنی در ینگی‌امام، از توابع ساوجبلاغ، مستقر شده بودند. هم‌زمان، به دستور سعدالدوله، سپاهی به فرماندهی امیر مفخم بختیاری برای جلوگیری از پیشروی مشروطه‌خواهان، به سوی کرج اعزام شد.

محمدعلی‌شاه برای پرداخت حقوق عقب‌افتاده سربازان، ناچار شد بخشی از جواهرات سلطنتی را که ارزشی نزدیک به پنجاه هزار تومان داشت، در «بانک استقراضی روس» به گرو بگذارد تا بتواند وامی دریافت کند. در شرایطی که دو سپاه مشروطه‌خواه و نیروهای دولتی آماده‌ی درگیری بودند، سعدالدوله کوشید مسئله را از طریق مذاکره حل کند. او از سپهدار تنکابنی و سردار اسعد خواست نمایندگانی نزد او بفرستند تا شاید از بروز جنگ جلوگیری شود؛ اما این تلاش‌ها بی‌نتیجه ماند.

سرانجام در ۲۲ تیر ۱۲۸۸، دو سپاه سردار اسعد و سپهدار تنکابنی در نزدیکی تهران به یکدیگر پیوستند و در منطقه بادامک اردو زدند. عصر روز ۲۴ تیرماه نبرد نهایی میان قوای مشروطه‌خواه و نیروهای دولتی درگرفت و سرانجام سپاه مشروطه توانست تهران را فتح کرده و مقاومت دولتیان را درهم بشکند. سرزمین بختیاری در طول تاریخ رخدادهای بسیاری را پشت سر گذاشته است، اما در همه دوره‌ها، بختیاری‌ها مدافعان استوار ایران بوده‌اند و نقش مهمی در پاسداری از میهن و تحقق آرمان‌های ملی ایفا کرده‌اند. این حضور تأثیرگذار، بخشی پرافتخار از تاریخ معاصر و کهن ایران را رقم زده است.

۳-۲-۲ تقسیم‌بندی و ساختار اجتماعی بختیاری‌ها

ساختار اجتماعی لرها در غرب و جنوب‌غرب ایران شامل پنج گروه اصلی یعنی ایل بختیاری، لر پشتکوه، لر کهگیلویه، لر ممسنی و لر پیشکوه است. نام بختیاری از دوران صفویه رواج بیشتری یافت و حضور این قوم در عرصه‌های سیاسی و نظامی پررنگ‌تر شد. در این دوران دو تن از رؤسای نامدار ایل بختیاری به نام‌های تاجمیر و میر جهانگیرخان در دربار صفوی جایگاه بالایی داشتند و

در نبردهای ایران و عثمانی با دلیری جنگیدند و به شکست دشمن کمک کردند. یکی از شاخه‌های مهم و قدیمی ایل بختیاری پیش از دوران صفویه، شاخه‌ای با عنوان بختیاروند (یا بهداروند) بود که نفوذ و قدرت زیادی بر طوایف بختیاری داشت و برخی ریشه نام بختیاری را مأخوذ از همین شاخه دانسته‌اند. تقسیم‌بندی ایلات بختیاری به دو شاخهٔ چهارلنگ و هفت‌لنگ نیز به دوران صفویه بازمی‌گردد. این دو شاخه بعدها به بخش‌های کوچکتری همچون باب یا بلوک، طایفه، تیره، تش، اولاد یا اردو، فامیل و خانوار تقسیم شدند. از نظر سازمان اجتماعی، شاخه چهارلنگ دارای پنج باب و شاخه هفت‌لنگ دارای چهار باب بوده و هر باب نیز چندین طایفه را دربر می‌گرفته است. این تقسیم‌بندی در اصل نوعی ساختار اجتماعی و مالیاتی بوده که از قرن شانزدهم میلادی شکل گرفت. منشأ دقیق جدایی این دو شاخه به‌طور قطعی روشن نیست، اما نظریه پذیرفته‌شده میان پژوهشگران این است که اختلاف در میزان مالیات‌ها سبب به وجود آمدن این تقسیم‌بندی شده است؛ به این معنا که اصطلاحات هفت‌لنگ و چهارلنگ در اصل اصطلاحاتی مالیاتی بودند که در دوره صفویه رواج یافتند.

در آن زمان، واحد مالیاتی «لِنگ» به معنای نصف یک جفت به کار می‌رفت. مالیات ایل بختیاری را براساس مادیان‌ها محاسبه می‌کردند و مجموع مالیات آن‌ها دوازده لنگ بود. این بار مالیاتی به دو بخش تقسیم می‌شد: بخش بزرگ‌تر سهم هفت‌لنگ‌ها و بخش کوچک‌تر سهم چهارلنگ‌ها و برخی ایلات دیگر نیز یک لنگ حساب می‌شدند. سردار اسعد درباره شیوه بستن مالیات می‌نویسد که بنیچه‌نویسان برای هر ایل حیوانات اصلی آن را ملاک محاسبه قرار می‌دادند؛ قشقایی از گوسفند، شاهسون از شتر و بختیاری از مادیان. هنگامی که بنیچه مالیاتی برای بختیاری‌ها تنظیم می‌شد، آن را براساس سرمادیان حساب می‌کردند و به همین دلیل برای هفت‌پا، هفت‌لنگ و برای چهارپا، چهارلنگ لحاظ می‌کردند و یک پا نیز تخفیف داده می‌شد.

سازمان اجتماعی بختیاری‌ها ساختاری سلسله‌مراتبی و به‌هم‌پیوسته است که از کوچک‌ترین واحد، یعنی یک سیاه‌چادر، آغاز می‌شود و تا سطح ایل گسترش می‌یابد. هر سیاه‌چادر که «مال» نامیده می‌شود، محل زندگی یک خانوار است. چند مال در کنار هم یک «اولاد» یا «اردو» را تشکیل می‌دهد که معمولاً خویشاوند هستند و هنگام کوچ نیز با هم حرکت می‌کنند. از ترکیب چند اولاد، گروهی بزرگ‌تر به نام «تَش» شکل می‌گیرد و ریاست آن بر عهده یک ریش‌سفید منتخب است. چند تش که غالباً با یکدیگر رابطه خویشاوندی دارند، یک «تیره» را به وجود می‌آورند؛ واحدی که در کوچ‌ها و مناسبات اجتماعی نقش مهمی دارد و گاه به چند صد نفر می‌رسد. با اجتماع تیره‌ها، «طایفه» شکل می‌گیرد؛ واحدی گسترده‌تر که طایفه‌های بزرگ بختیاری مانند شهنی، گندلی، بابادی، منجزی و اورک را شامل می‌شود. طایفه‌ها در کنار هم و بر اساس نزدیکی جغرافیایی و تاریخی، واحد بزرگ‌تری به نام «باب»

یا «بلوک» را تشکیل می‌دهند. ترکیب چند باب نیز شاخه‌های اصلی ایل بختیاری را به وجود می‌آورد که شامل دو شاخه مشهور «هفت‌لنگ» و «چهارلنگ» است. در رأس این مجموعه گسترده، ایلخان قرار دارد که بالاترین مقام سیاسی و اجتماعی ایل محسوب می‌شود. پس از او کلانتران، کدخدایان و ریش‌سفیدان، مدیریت بخش‌های مختلف ایل را بر عهده دارند و در امور کوچ، اختلافات داخلی و ارتباط با حکومت مرکزی نقش مؤثری ایفا می‌کنند. خوانین بختیاری معمولاً از خاندان‌هایی بودند که برخوردار از ثروت و نفوذ سیاسی بالا بوده و دستگاه اداری ویژه‌ای شامل محافظان، سواران مسلح، منشیان و مستوفیان داشتند. یکی از رسوم اجتماعی میان این خاندان‌ها این بود که به مردان عادی ایل دختر نمی‌دادند، اما خود با دختران آن‌ها ازدواج می‌کردند تا پیوندهای اجتماعی و سیاسی را تقویت کنند. در مجموع، سازمان اجتماعی ایل بختیاری مجموعه‌ای پویا و منسجم است که بر پایه خویشاوندی، همزیستی، و سنت‌های دیرینه شکل گرفته و طی قرن‌ها توانسته انسجام و هویت جمعی بختیاری‌ها را حفظ کند.

گروه‌بندی بر اساس شغل:

لرهای کوچ‌نشین را بر اساس شغل می‌توان به دو گروه تقسیم کرد.

گروه اول، تعداد زیادی هستند که دامداری را شغل اصلی خود دارند و در کنار آن زراعت نیز انجام می‌دهند.

گروه دوم، کوچ‌نشینانی هستند که به کارهای دیگری مشغول‌اند و دامداری شغل اصلی آن‌ها نیست. این گروه خود به چند دسته تقسیم می‌شود.

«توشمال‌ها» یا نوازندگان ایل، از این دسته‌اند. آن‌ها در کوچ همراه ایل هستند و در مراسم شادی و عزا ساز می‌نوازند. نکته مهم این است که زنان توشمال‌ها در نوازندگی نقشی ندارند و ازدواج آنان اغلب درون‌گروهی است؛ چرا که معمولاً بختیاری‌ها با آنان وصلت نمی‌کنند.

گروه دیگر، «غربت‌ها» یا کولی‌های ایل هستند که بختیاری‌تبار محسوب نمی‌شوند. آن‌ها بیشتر به آهنگری و سبدبافی اشتغال دارند و ابزارهای مورد نیاز ایل را تهیه می‌کنند. ازدواج در میان آنان نیز درون‌گروهی است و بختیاری‌ها نه با آن‌ها وصلت می‌کنند و نه از آنان همسری می‌گیرند. این گروه همیشه در کنار ایل کوچ می‌کند و معمولاً چادرهای خود را در حاشیه آبادی‌های ییلاقی و گرمسیری برپا می‌سازد.

«تخت‌کِش‌ها» یا گیوه‌سازان نیز بخشی از همین گروه شغلی‌اند. هرچند آنان را می‌توان وابسته به طایفه بابادی دانست، اما در نقاط مختلف منطقه زندگی می‌کنند و ازدواجشان نیز به‌طور معمول درون‌گروهی است. «کلاه‌مال‌ها» یا نمدمال‌ها هرچند لر هستند، اما با ایل کوچ نمی‌کنند و زندگی و معاش مستقل‌تری دارند.

در میان گروه‌های خاص شغلی، قوم «عرب گَمَری» نیز جایگاه ویژه‌ای دارد. آنان به دو زبان

لری و عربی سخن می‌گویند؛ مردانشان لباس بختیاری می‌پوشند، اما زنان اغلب پوشش عربی دارند. این قوم خود به دو طایفه عرب کنگرپز و عرب علی‌بَک تقسیم می‌شود که ضمن داشتن سازمان ایلی مستقل، در ساختار اداری بختیاری جای می‌گیرند. سه بخش مهم این طوایف در میان بابادی، دورکی و بهداروند پراکنده‌اند و برای خود کلانتران مستقل دارند.

در شاخه هفت‌لنگ بختیاری، باب‌ها یا بلوک‌های اصلی شامل بابادی، بهداروند (یا بختیاروند)، دورکی و دیناران (دینارونی) هستند؛ واحدهایی گسترده که در شکل‌گیری ساختار اداری و اجتماعی ایل نقش بنیادین دارند.

۳-۳ گویش استان چهارمحال و بختیاری

مردم استان چهارمحال و بختیاری فارسی‌زبان هستند و به گویش لری بختیاری و یا فارسی صحبت می‌کنند. گویش بختیاری نوعی از گویش لری و از زیرشاخه‌های گویش‌های فارسی است که کمی با دیگر شاخه‌های زبان لری مثل لری خرم‌آبادی و لری بویراحمدی فرق دارد. البته خود بختیاری‌ها می‌گویند زبان بختیاری که با لری لرستان قدری متفاوت است و اغلب در شهرهای اردل، کوهرنگ، فارسان، لردگان و کیار رواج دارد (شکل ۳-۲).

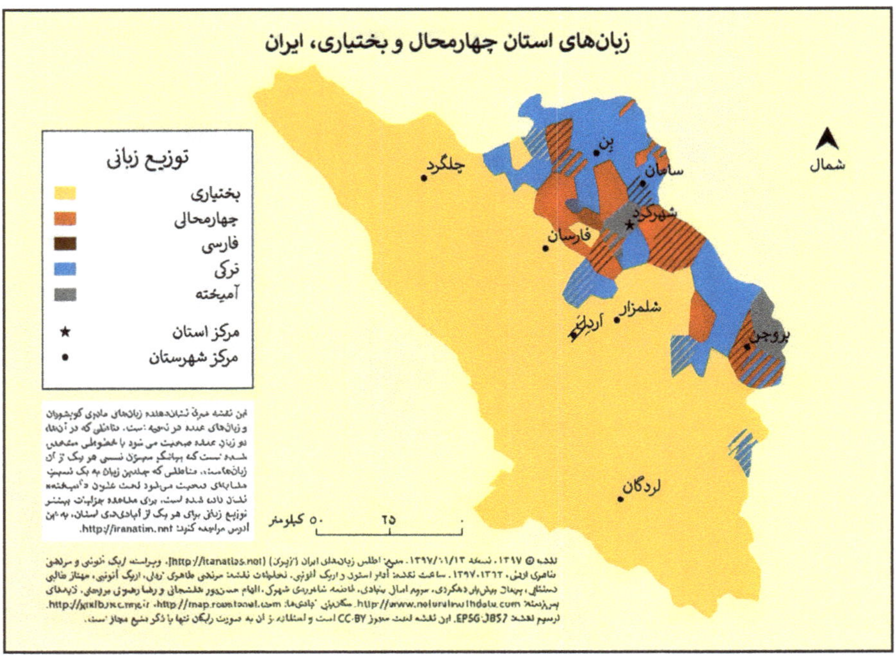

شکل ۳-۲. پراکندگی زبان و گویش در استان چهارمحال بختیاری، (وبگاه ۴).

گویش و لهجه بختیاری شباهت زیادی با زبان پارسی میانه دوره ساسانیان دارد. این گویش با حفظ اصالت خود بعد از قرن‌های زیادی هنوز با زبان‌های دیگر ترکیب و آمیخته نشده است. شاید بتوان مهم‌ترین علت آن را ویژگی‌های جغرافیایی و شیوه زندگی کوچ‌نشینی سرزمین بختیاری دانست که باعث مقاومت در مقابل اقوام مهاجم و حفظ فرهنگشان از تغییرات اساسی و آسیب تحولات خارجی می‌شود. گویش بختیاری خود نیز دارای انواع مختلفی است که برخی از آن‌ها به شرح زیر است:

- گویش بخش خاوری (تأثیر گرفته از لری بویراحمدی)
- گویش منطقه جنوبی (تأثیر گرفته از گویش طایفه بهمئی)
- گویش بخش میانی
- گویش منطقه چهارلنگ

گویش فارسی بیشتر در شهرهای شهرکرد، هفشجان، بروجن و فرخ‌شهر که به ترتیب با لهجه‌های دهکردی، هوشگانی، اورجنی و قهفرخی استفاده می‌شود. پاره‌ای از مردم استان در شهرهای بن و سامان به زبان ترکی صحبت می‌کنند.

فرهنگ و تمدن بختیاری با فرهنگ ایران باستان و قوم پارس دارای شباهت‌های زیادی است.

۳-۴ موسیقی استان چهارمحال و بختیاری

موسیقی مردم بختیاری یکی از شاخه‌های موسیقی لری است و با سازهای سنتی مانند کرنا، سرنا و کوس اجرا می‌شود. علاوه بر این، از سازهای بادی کوچک‌تر از کرنا و سرنا نیز در اجرای موسیقی بختیاری استفاده می‌شود.

موسیقی بختیاری شامل انواع مختلفی از آهنگ‌هاست که در دسته‌های شاد، حماسی، سوگ و عاشقانه قرار می‌گیرند. مضامین این موسیقی غالباً به طبیعت، عشق و شجاعت مربوط می‌شود و در اجرا از سازهایی مانند دهل، کرنا و ساز و کمان بهره می‌گیرند.

۳-۵ آداب و رسوم اقوام استان چهارمحال و بختیاری

بختیاری‌ها مانند دیگر اقوام، دارای باورها و آداب‌ورسوم ویژه‌ای هستند که زندگی روزمره آن‌ها را شکل می‌دهد. این باورها، چه خرافی و چه غیرخرافی، بخش مهمی از فرهنگ هر قوم را تشکیل می‌دهند و نشان‌دهنده شیوه زندگی و روش‌های رفتاری آن‌ها هستند.

مهمان‌نوازی یکی از رسوم پسندیده و برجسته بختیاری‌ها، به ویژه عشایر است. در چادرهای بزرگ سیاه، پذیرایی از مهمان به شکل ویژه‌ای انجام می‌شود و این رفتار برای گردشگران و توریست‌ها بسیار جذاب است. مهمانان اغلب ساعات کوتاهی را همراه خانواده بختیاری می‌گذرانند، لباس‌های محلی

آن‌ها را می‌پوشند و حتی در کارهای روزمره مانند مشک زدن به آن‌ها کمک می‌کنند. این تجربه، فرصتی منحصربه‌فرد برای درک زندگی و فرهنگ بختیاری‌ها فراهم می‌آورد (شکل ۳-۳ و ۳-۴).

شکل ۳-۳. نمایی از مهمان‌نوازی بختیاری‌ها از گردشگران.

شکل ۳-۴. نمایی از بازدید و کمک کردن گردشگران به هنگام کارهای روزمره مانند مشک زدن.

شیر سنگی، نمادی از شجاعت و دلاوری مردم بختیاری است که در گویش لری به آن «برد شیر» گفته می‌شود. بختیاری‌ها معمولاً بر سر مزار بزرگان، پهلوانان و جوانان خود یک شیر سنگی قرار می‌دهند تا یاد و ویژگی‌های برجسته آن‌ها را گرامی دارند.

این مجسمه‌ها از جنس سنگ ساخته می‌شوند و در گذشته توسط سنگ‌تراشان ایل بختیاری، به‌ویژه در شهرکرد و شمال استان خوزستان، تراشیده می‌شدند. شهر هفشجان در استان چهارمحال و بختیاری یکی از مراکز مهم شیرتراشی به شمار می‌آید و هنوز هم برخی سنگ‌تراشان این هنر را ادامه می‌دهند. شیرهای قبرستان هفشجان از زیباترین و هنرمندانه‌ترین نمونه‌های شیر سنگی محسوب می‌شوند. قدیمی‌ترین شیر سنگی در استان چهارمحال و بختیاری به دوره صفویه تعلق دارد، اما بر اساس روایات تاریخی، ریشه این نماد به دوران مادها بازمی‌گردد. متأسفانه در سه دهه گذشته، بسیاری از شیرهای سنگی هفشجان از قبرستان شهر دزدیده شده‌اند و از هزار شیر سنگی تنها تعداد کمی باقی مانده است (شکل ۳-۵).

شکل ۳-۵. نمایی از شیر سنگی که بر روی مزار بختیاری‌ها گذاشته می‌شود.

ازدواج در اقوام بختیاری بیشتر ازدواج درون‌گروهی است؛ به این معنا که اگر یک زن با فرد غیر بختیاری ازدواج کند، فرزند حاصل از این وصلت بختیاری محسوب نمی‌شود.

در ایل بختیاری، هنگام انتخاب جانشین خان یا کلانتر، فرد منتخب باید از طرف مادر نیز خان‌زاده باشد. به همین دلیل، خان‌ها برای تضمین جانشینی مناسب، معمولاً با دختران بزرگان ایل که «بی‌بی» نامیده می‌شدند ازدواج می‌کردند. پسری که از بی‌بی به دنیا می‌آمد، مستحق و شایسته جانشینی خان یا کلانتر بود، اما اگر پسر از یک زن معمولی لر متولد می‌شد، این حق از او سلب می‌شد.

همچنین در بین خویشاوندان نسبی، پسرخواندگی مرسوم بود. طبق سنت ایل، هرگاه مردی فرزندی نداشت، یکی از برادرزاده‌های خود را به فرزندی می‌پذیرفت. در این حالت، پسر از ارث پدر واقعی محروم می‌شد و از عموی خود (پدرخوانده) ارث می‌برد.

۳-۶ پوشاک مردم استان چهارمحال و بختیاری

استان چهارمحال و بختیاری همان‌گونه که گفته شد، از دو بخش چهارمحال و بختیاری تشکیل شده است و پوشش کلی مردمان استان نیز به همین دو بخش تقسیم می‌شود. مردمان غیر بختیاری معمولاً لباس رسمی و مشابه با دیگر نقاط کشور می‌پوشند، اما بختیاری‌ها لباس خاص خود را دارند. برخی مناطق مانند بن و سامان نیز لباس محلی ویژه‌ای دارند که با لباس بختیاری متفاوت است.

ایل بختیاری با حفظ پوشش خاص خود یکی از زیباترین و اصیل‌ترین لباس‌های محلی ایرانی را دارند. نوع و شکل کلی لباس مردان و زنان بختیاری بر اساس شیوه زندگی، فعالیت‌ها و شرایط آب‌وهوایی منطقه طراحی شده است و صرفاً جنبه زیبایی ندارد؛ بلکه کسب مقام و منزلت اجتماعی نیز با لباس مرتبط است. طبقه هر قوم بختیاری معمولاً با یک قطعه لباس خاص نمایان می‌شود.

بختیاری‌های متمول از کلاه کرکی بلند موسوم به «کلاه خسروی»، شلوار گشاد به نام «دبیت حاج علی اکبری» و چوقای کیارسی استفاده می‌کنند. طبقات ضعیف‌تر نیز همان لباس‌ها را به تن می‌کنند، اما در تهیه آن‌ها از مواد اولیه ارزان‌تر استفاده می‌شود.

لباس محلی مردان و زنان بختیاری از ویژگی‌های منحصربه‌فردی برخوردار است. این لباس‌ها هم راحت و کاربردی هستند و هم از زیبایی خاصی برخوردارند و مواد اولیه آن‌ها عمدتاً از منابع طبیعی و محلی تهیه می‌شود.

لباس بانوان و دختران بختیاری با طرح‌های شاد و رنگارنگ طراحی شده و بسته به مکان و مناسبت‌های گوناگون مانند زندگی روزانه، مهمانی‌ها، مراسم کوچ، عروسی و عزاداری استفاده می‌شود. این لباس‌ها از نظر رنگ و شکل با یکدیگر تفاوت دارند و تنوع قابل‌توجهی دارند.

لباس‌های محلی زنان بختیاری علاوه بر تنوع در دوخت و نوع پارچه، دارای تزیینات متنوعی همچون منجوق‌دوزی، پولک‌دوزی و سایر تزئینات دستی هستند که هر یک بر ارزش زیبایی و فرهنگی لباس می‌افزاید (شکل ۳-۶ و ۳-۷).

شکل ۳-۶. نمایی از پوشش بانوان استان چهارمحال و بختیاری.

شکل ۳-۷. نمایی از پوشش دختران استان چهارمحال و بختیاری.

لباس مردان و زنان بختیاری از اصالت و قدمت بسیار بالایی برخوردار است و هر جزء آن با توجه به شرایط جغرافیایی، آب‌وهوایی و شیوه زندگی ایل طراحی شده است. لباس‌ها هم کاربردی و راحت هستند و هم نشانه‌ای از موقعیت اجتماعی و فرهنگ این قوم محسوب می‌شوند.

پوشش زنان بختیاری شامل چند بخش اصلی است: روسری مستطیل‌شکل به نام مینا یا لچک، تن‌پوش، جلیقه و تنبان (دامن پرچین از جنس مخمل).

لچک روسری مستطیلی که با سکه‌های قدیمی، پولک، مروارید و سنگ تزئین می‌شود و بخش مهمی از زیبایی لباس زنان را تشکیل می‌دهد.

تن‌پوش پیراهنی بلند که تا پایین کمر می‌رسد و در اطراف کمر دو چاک دارد، به نام جومه یا جوه. زیر این پیراهن، دامن پرچینی به نام شولارقری پوشیده می‌شود که از ۸ تا ۱۰ متر پارچه تشکیل شده است.

جلیقه معمولاً از جنس مخمل است و روی تن‌پوش پوشیده می‌شود. در برخی مناسبت‌ها، زنان بازوبندی (بازی‌بند) با مهره‌های رنگی و سنگی به دست می‌کنند که بیشتر در مراسم عروسی استفاده می‌شود. رنگ لباس زنان بختیاری از طبیعت الهام گرفته شده و بر اساس سن انتخاب می‌شود؛ زنان و دختران جوان از رنگ‌های روشن و زنان مسن‌تر از رنگ‌های تیره‌تر استفاده می‌کنند.

پوشش مردان بختیاری شامل کلاه نمدی، چوقا، شلوار، عبا و گیوه است.

کلاه نمدی معروف به کلاه خسروی که در رنگ‌های قهوه‌ای روشن و تیره، مشکی و سفید وجود دارد. درگذشته خان‌های ایل بختیاری کلاه سفید می‌پوشیدند که بعدها جای خود را به کلاه مشکی داد. طرح کلاه خسروی برگرفته از کلاه خسروان دوره ساسانی است و نشان‌دهنده سابقه تاریخی و فرهنگی آن می‌باشد.

چوقا بالاپوشی بلند با چاک در کناره‌ها و آستین‌های بزرگ است که توسط زنان عشایری از پشم بز در دو رنگ سیاه و سفید بافته می‌شود. چوقا در زمستان گرم و در تابستان محافظ آفتاب است و طرح‌های آن از ستون‌های کوتاه و بلند و زیگورات چغازنبیل الهام گرفته شده است. استفاده از چوقا به دوران مادها بازمی‌گردد و در تصاویر گور دخمه‌ها و حجاری‌های ساسانی نیز دیده می‌شود.

شلوار دبیت شلواری گشاد و مشکی‌رنگ که از پارچه‌ای به نام دبیت دوخته می‌شود. این شلوار که بیش از یکصد سال قدمت دارد، احتمالاً برگرفته از شلوارهای دوره اشکانی است و نمونه‌ای مشابه آن در مجسمه برنزی ایذه مشاهده شده است.

گیوه کفش سنتی بختیاری که معروف‌ترین آن گیوه ملکی است. نقوش گیوه‌ها شباهت زیادی به پا افزار دوران هخامنشیان دارد و بیانگر قدمت تاریخی بیش از ۲۷۰۰ سال این پوشاک است.

لباس مردان در مراسمی مانند عروسی یا عزاداری تفاوتی ندارد و تنها تفاوت در رنگ پیراهن زیر چوقا (سیاه یا سفید) مشاهده می‌شود.

۳-۷ صنایع‌دستی استان چهارمحال و بختیاری

این استان از دیرباز به بافندگی و نساجی شهرت داشته است. رنگ‌های طبیعی که از گیاهان و ساقه درختان می‌سازند جلوه‌ای بسیار زیبا به این محصولات داده است. برخی از این صنایع‌دستی که با دست زنان هنرمند این دیار و زنان عشایر ساخته‌شده است شامل قالی، گبه، گلیم، گیوه، نمد، هور یا خور (کیسه‌هایی برای حمل برنج، آرد) و ... می‌باشد. فرش دستباف این استان که به فرش بختیاری شهرت دارد به کشورهای عربی صادر می‌شود. اگرچه امروزه از میزان تولید آن‌ها به شدت کاسته شده است.

یکی از معروف‌ترین بافت‌های استان چهارمحال و بختیاری چوقابافی است (چوقابافی، چوخابافی و چوغابافی) که در حقیقت لباس‌هایی مخصوص مردان است که به‌عنوان بالاپوش از آن استفاده می‌کنند. شکل ۳-۸ تا ۳-۱۰ برخی از صنایع‌دستی استان چهارمحال و بختیاری را نشان می‌دهد.

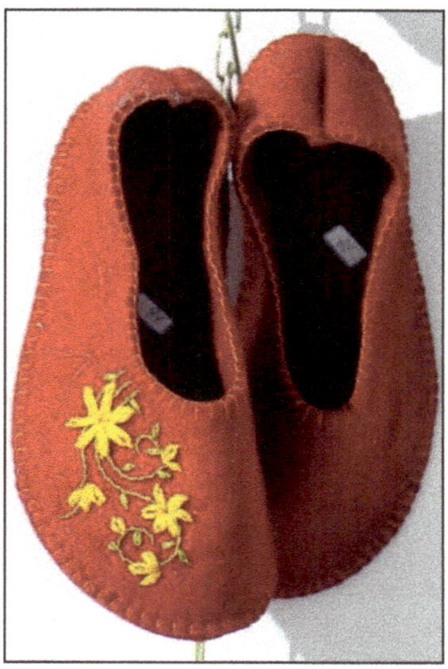

شکل ۳-۸. نمایی از صنایع‌دستی ساخته‌شده از نمد استان چهارمحال و بختیاری.

شکل ۳-۸. نمایی از صنایع‌دستی ساخته‌شده از نمد استان چهارمحال و بختیاری.

شکل ۳-۹. نمایی از فرش استان چهارمحال و بختیاری، (فروشگاه فرش دست‌بافت ایرانی آل‌احمد)، (وبگاه ۱).

شکل ۳-۱۰. نمایی از فرش‌های استان چهارمحال و بختیاری، (فروشگاه فرش دست‌بافت ایرانی آل‌احمد)، (وبگاه ۱).

۳-۸ غذاهای محلی استان چهارمحال و بختیاری

غذاها و خوراکی‌های مردم استان چهارمحال و بختیاری، به‌ویژه بختیاری‌ها، بازتابی از سخاوت طبیعت زاگرس و مناطق کوهستانی چون زردکوه، کی‌نو و زراب، دشت‌ها و تالاب‌های استان است. این خوراکی‌ها نمادی از قناعت، سخت‌کوشی و هنر ساده‌زیستی مردمان بختیاری به شمار می‌روند. غذاهای محلی بختیاری علاوه بر اصالت و طعم طبیعی و دلچسب، ارزش غذایی بالایی نیز دارند و بسیاری از آن‌ها برگرفته از زندگی کوچ‌نشینی در مناطق گرمسیری و سردسیری استان هستند. از کباب‌های لذیذ و شناخته‌شده تا آش‌های گیاهی منحصر به فرد، و از روغن و کره گوسفندی تا دیگر فرآورده‌های لبنی ساده و مقوی، هر خوراکی داستانی از زندگی همراه با کوچ و ارتباط با طبیعت روایت می‌کند.

در ادامه، چند نمونه از غذاهای مشهور استان چهارمحال و بختیاری آورده می‌شود که بیشتر در این استان رواج دارند.

آش انار یکی از غذاهای سنتی و خاص استان چهارمحال و بختیاری است که از دیرباز در مناطق دره مشایخ، از جمله روستاهای دورک، دره عشق و دره‌یاس، تهیه می‌شده است. علت نام‌گذاری و استفاده این آش، وجود باغ‌های انار در این مناطق و در دسترس بودن میوه و

۳-۸ غذاهای محلی استان چهارمحال و بختیاری

غذاها و خوراکی‌های مردم استان چهارمحال و بختیاری، به‌ویژه بختیاری‌ها، بازتابی از سخاوت طبیعت زاگرس و مناطق کوهستانی چون زردکوه، کی‌نو و زراب، دشت‌ها و تالاب‌های استان است. این خوراکی‌ها نمادی از قناعت، سخت‌کوشی و هنر ساده‌زیستی مردمان بختیاری به شمار می‌روند. غذاهای محلی بختیاری علاوه بر اصالت و طعم طبیعی و دلچسب، ارزش غذایی بالایی نیز دارند و بسیاری از آن‌ها برگرفته از زندگی کوچ‌نشینی در مناطق گرمسیری و سردسیری استان هستند. از کباب‌های لذیذ و شناخته‌شده تا آش‌های گیاهی منحصر به فرد، و از روغن و کره گوسفندی تا دیگر فرآورده‌های لبنی ساده و مقوی، هر خوراکی داستانی از زندگی همراه با کوچ و ارتباط با طبیعت روایت می‌کند.

در ادامه، چند نمونه از غذاهای مشهور استان چهارمحال و بختیاری آورده می‌شود که بیشتر در این استان رواج دارند.

آش انار یکی از غذاهای سنتی و خاص استان چهارمحال و بختیاری است که از دیرباز در مناطق دره مشایخ، از جمله روستاهای دورک، دره عشق و دره‌یاس، تهیه می‌شده است. علت نام‌گذاری و استفاده این آش، وجود باغ‌های انار در این مناطق و در دسترس بودن میوه و فرآورده‌های آن مانند رب انار و انار خشک است (شکل ۳-۱۱).

شکل ۳-۱۱. نمایی از آش انار محلی استان چهارمحال و بختیاری، (طلوع زاینده رود، وبگاه ۲)

این آش دارای مزه‌ای ملس و کمی ترش بوده و خواص غذایی فراوانی دارد. مواد اصلی آش شامل برنج محلی، آب یا رب انار، پیاز سرخ‌شده، سبزیجات معطر مانند تره کوهی، گشنیز، جعفری، ترخون و نعنا، زردآلو و گردو، لپه پخته، نمک، فلفل، زردچوبه و گلپر است. مقدار هر ماده توسط بانوان محلی بر اساس ذائقه تنظیم می‌شود. پخت آش انار ریشه در آیین و سنت‌های قدیمی منطقه دارد و معمولاً در شب یلدا، فصل برداشت انار و برای مادران باردار تهیه می‌شود.

آبریز یکی دیگر از غذاهای محلی بختیاری است. واژه "بریز" در زبان بختیاری به معنی سرخ کردن است و "آبریز" به غذایی اطلاق می‌شود که گوشت آن با آب خود پخته و سپس سرخ می‌شود.

این غذا بیشتر با دل و جگر گوسفند تهیه می‌شود، اما می‌توان آن را با مخلوط جگر و گوشت گوسفند یا حتی مرغ نیز آماده کرد. در پخت آبریز، قطعات ریز گوشت پس از پخت، با پیاز خردشده تفت داده شده و کمی زردچوبه به آن اضافه می‌شود. سپس با مقدار کمی آب و حرارت ملایم، در ظرف دربسته گذاشته می‌شود تا تقریباً تمام آب آن تبخیر شود. پس از پخت کامل گوشت، آب ناردونی (دانه‌های انار خشک شده که قبلاً خیس خورده‌اند) به غذا اضافه شده و دوباره با حرارت ملایم پخته می‌شود تا کاملاً جا بیفتد. آبریز هم می‌تواند همراه با پلو سرو شود و هم به تنهایی با نان خورده شود (شکل ۳-۱۲).

شکل ۳-۱۲. نمایی از آبریز، (وبگاه ۳).

اوترشی یکی از غذاهای سنتی و محبوب عشایر بختیاری است که بیشتر در فصول گرم سال تهیه می‌شود. این غذا ترکیبی از مغز گردو، مغز بادام، پر زردآلو، ناردون، آرد سبوس‌دار تفت داده شده، پیاز خردشده، روغن، زردچوبه و نعناست. مواد اولیه طی مراحل خاص و با توجه به ذائقه بانوان بختیاری آماده می‌شود. اوترشی غذایی ساده و سریع‌پخت است و دارای طعمی ملس و کمی ترش می‌باشد که به راحتی می‌تواند در سفره روزانه و کوچ‌های عشایر جای گیرد.

کاچی شیر یکی دیگر از خوراک‌های سنتی استان چهارمحال و بختیاری است که غذایی ساده، مقوی و مناسب زندگی کوچ‌نشینی محسوب می‌شود. این غذا عمدتاً با شیر و آرد محلی تهیه می‌شود و فرآیند آماده‌سازی آن سریع است. در تهیه کاچی شیر، ابتدا آرد گندم کمی تفت داده می‌شود و سپس شیر به اندازه‌ای به آن اضافه می‌شود که آرد را رقیق کند. در طول پخت، مخلوط آرد و شیر مرتب هم زده می‌شود تا یکدست شود. پس از سرد شدن، کاچی آماده سرو می‌باشد و به عنوان غذایی سبک و مقوی در میان مردم بختیاری مصرف می‌شود (شکل ۳-۱۳).

شکل ۳-۱۳. نمایی از کاچی شیر غذای محلی استان چهار محال و بختیاری، (مهدیه کولیوند).

گردو پلو یکی از غذاهای مقوی و سالم استان چهارمحال و بختیاری است که در برخی مناطق، به ویژه شهرستان سامان، طبخ می‌شود. شهرستان سامان به دلیل تولیدات باغی فراوان از جمله گردو و بادام، شهرت ملی دارد و غذاهای محلی این منطقه معمولاً با استفاده از این محصولات و ترکیبی از آن‌ها تهیه می‌شوند. گردو پلو نمونه‌ای از این خوراک‌هاست که در آن گردو به عنوان ماده اصلی به کار رفته و طعمی دلچسب و مقوی دارد (شکل ۳-۱۴).

شکل ۳-۱۴. نمایی از گردو پلو غذای سنتی استان چهارمحال و بختیاری.

کشک و کدو یکی دیگر از غذاهای سنتی استان چهارمحال و بختیاری است که ترکیبی از مواد غذایی بومی شامل گوشت، کشک، لپه، نعنا، گردو، کدو تنبل، پیاز و سایر افزودنی‌هاست. این غذا به دلیل استفاده از مواد اولیه محلی در سراسر استان شناخته شده و محبوب است. کشک و کدو علاوه بر طعم و رنگ خاص، خواص فراوانی نیز دارد و تهیه آن برگرفته از زندگی کوچ‌نشینی و تولیدات دامی و کشاورزی منطقه می‌باشد (شکل ۳-۱۵).

شکل ۳-۱۵. نمایی از کشک و کدو غذای سنتی استان چهارمحال و بختیاری.

کباب بختیاری یکی از مشهورترین و لذیذترین غذاهای محلی استان چهارمحال و بختیاری است. این کباب از فیله گوسفند، سینه مرغ، فلفل دلمه‌ای، پیاز متوسط، روغن زیتون، پودر سیر و زعفران تهیه می‌شود. ابتدا گوشت مرغ و گوسفند با روغن زیتون و پیاز مخلوط شده و با زعفران آغشته می‌شوند. سپس تکه‌های فیله گوسفند، مرغ، فلفل و پیاز به صورت ترکیبی در سیخ قرار می‌گیرند و روی آتش کباب می‌شوند. کباب بختیاری به دلیل ترکیب هوشمندانه و چشم‌نواز گوشت قرمز و گوشت سفید در یک سیخ، طعمی منحصر به فرد دارد و در رستوران‌های سراسر کشور نیز سرو می‌شود. این کباب نه تنها از شهرت ملی برخوردار است، بلکه یکی از برجسته‌ترین غذاهای سنتی و محلی بختیاری به شمار می‌رود (شکل ۳-۱۶).

شکل ۳-۱۶. نمایی از کباب بختیاری غذای سنتی استان چهارمحال و بختیاری.

شله بریان یکی از غذاهای سنتی استان چهارمحال و بختیاری است که عمدتاً در فصل زمستان تهیه و مصرف می‌شود. در تهیه این غذا از گوشت، برنج و مقداری نخود و عدس استفاده می‌شود. مواد اولیه را به مدت شش تا هفت ساعت روی حرارت ملایم می‌پزند تا کاملاً نرم شود. پس از پخت و کوبیدن، هل و زیره به آن اضافه می‌شود. شله بریان غذایی مقوی است و معمولاً برای افرادی که دچار سرماخوردگی هستند، توصیه می‌شود.

شوربای قیمه‌ریزه غذایی محلی از گوشت و سبزیجات خرد شده مانند گشنیز تهیه می‌شود. ابتدا برنج نیم‌پخته به صورت گلوله‌ای در می‌آید و با سبزی‌های خرد شده مخلوط می‌شود. پس از جوش آمدن، مواد داخل ظرف روی آتش ملایم قرار گرفته تا کاملاً بپزد و طعم‌ها به هم آمیخته شوند (شکل ۳-۱۷).

شکل ۳-۱۷. نمایی از شوربای قیمه ریزه غذای سنتی استان چهارمحال و بختیاری.

ماست میش و شکر در تابستان که ماست میش گوسفندی فراوان است، ماست تازه در کاسه ریخته شده و شکر روی آن افزوده می‌شود. گاهی به جای شکر از شیره انگور استفاده می‌شود. این خوراک ساده، سالم و سریع آماده می‌شود و یکی از خوراک‌های تابستانی محبوب بختیاری‌هاست.

اُماج نوعی سوپ محلی است که در آن از آرد و سبزیجات کوهی استفاده می‌شود. برای تهیه این غذا، ابتدا آرد را الک کرده و کمی آب به آن اضافه می‌کنند تا دانه‌دانه شود. سپس آب را جوش آورده و سبزی کوهی موسوم به بوسور (BOSOR) یا لیز (Lis) که لعابدار است و برای درمان سرماخوردگی مفید است، به آن اضافه می‌کنند. آرد را نیز به آب جوش افزوده و چند جوش می‌دهند. در پایان پیاز و فلفل به سوپ اضافه می‌شود. اُماج در سایر مناطق غرب ایران نیز شناخته شده و با نام محلی «بریده‌بریده» در برخی مناطق دیده می‌شود (شکل ۳-۱۸).

اشکنه از سرکه، شیره و روغن درست می‌شود به این صورت که روغن را پس از داغ شدن با حلقه‌های پیاز و مقداری آرد مخلوط کرده و روی حرارت ملایم نگه می‌دارند. سپس چند دانه برگه‌های زردآلو، آلوچه و هلو را به آن اضافه کرده و مخلوط می‌کنند. پس از پختن میوه‌ها، آن‌ها را خارج کرده و اشکنه آماده مصرف می‌شود.

خوراک قارچ در فصل بهار، هنگامی که عشایر به ییلاق و مناطق سردسیر می‌روند، قارچ‌های خودرو و غیرسمی را که می‌شناسند جمع‌آوری می‌کنند و آن‌ها را یا کباب کرده و یا با کمی روغن سرخ می‌کنند و همراه نان مصرف می‌نمایند. طعم این قارچ‌ها مشابه کباب است و منبعی غنی از پروتئین به شمار می‌رود (شکل ۳-۱۹).

شکل ۳-۱۸. نمایی از اُماج نوعی سوپ محلی استان چهارمحال و بختیاری.

اوگندی غذایی ساده و مقوی است که زنان ایل از عدس تهیه می‌کنند. نام آن در لهجه بختیاری به معنای «عدس و آب» است. این خوراک از عدس، روغن و ادویه‌جات محلی تشکیل می‌شود و اغلب به عنوان غذای روزانه مصرف می‌شود (شکل ۳-۲۰).

شکل ۳-۱۹. نمایی از خوراک قارچ غذای محلی استان چهارمحال و بختیاری.

آب دیز خوراکی شبیه آبگوشت ولی ساده‌تر است. در تهیه آن، گوشت خرد شده ابتدا با روغن سرخ می‌شود، سپس با آب پخته می‌شود. مقداری سبزیجات کوهی مانند آویشن، سیر و تره به آن افزوده می‌شود. این غذا یکی از خوراک‌های روزانه خانواده‌های ایل بختیاری است.

نوچیزی یا بورخر یکی از نان‌های سنتی بختیاری‌هاست. برای تهیه آن، مقداری آرد را با آب مخلوط کرده و خمیر می‌کنند. سپس خمیر را روی تابه‌ای که زیر آن آتش است پهن کرده و برشته می‌کنند. بعد از برشته شدن نان، مقداری تره کوهی تازه یا خشک را در روغن تفت داده و نان را به آن اضافه می‌کنند. در نهایت کمی قند الک شده روی آن ریخته می‌شود. این غذا بوی مطبوعی دارد و یکی از خوراک‌های اصلی ایل بختیاری محسوب می‌شود.

نان گرده با خمیر تازه آماده می‌شود و روی آتش پخته می‌شود. پس از پخت، آن را زیر خاکستر آتش قرار می‌دهند تا خوب مغزپخت شود و سپس کمی روغن روی آن می‌مالند و می‌خورند.

نان چپه در گودالی حفر شده و با قرار دادن سه سنگ صاف در کنار آن که به آن کچک گفته می‌شود، تهیه می‌شود. خمیر آماده شده را با تیر چوبی صیقلی پهن کرده و روی تابه می‌اندازند تا پخته شود. نان‌های پخته شده را به شکل مثلث روی هم تا می‌کنند و در سفره می‌گذارند. زن ایلی معمولاً هر دو روز یکبار این نان را می‌پزد.

پرورد دوغ شامل سبزی آش، برنج، دوغ، آرد و پیاز داغ است. سبزی آش را پس از شستن و خرد کردن می‌پزند، سپس برنج و دوغ را به آن اضافه می‌کنند. پس از پخت برنج، کمی آرد را در

آب حل کرده و به آش می‌افزایند تا آب آن غلیظ شود و در نهایت پیاز داغ نیز اضافه می‌شود (شکل ۳-۲۱).

شکل ۳-۲۰. نمایی از اوگندی غذای محلی استان چهارمحال و بختیاری.

اَگِردگ نوعی شیرینی است که مواد آن مانند فتیر تهیه می‌شود و شامل تخم‌مرغ، شیر، شکر، روغن و آرد است. پس از ور آمدن خمیر، آن را به اشکال دلخواه درآورده و در روغن سرخ می‌کنند. این شیرینی در مناسبت‌های مختلف تهیه می‌شود، مانند زمانی که طفلی دندان درمی‌آورد یا مراسم پس از ازدواج دختران.

کال‌جوش یا کله‌جوش غذایی است که برای تهیه آن ابتدا کشک را ساییده و در آب می‌ریزند و حرارت می‌دهند. سپس در ظرفی دیگر پیاز را سرخ کرده و پیاز خرد شده را همراه با نعناع داغ به کشک حرارت داده شده اضافه می‌کنند تا غذا آماده شود. این غذا را می‌توان بر حسب ذائقه با گردو و کشمش نیز سرو کرد.

آش شنگ و موچه مشابه دیگر آش‌های ایرانی پخته می‌شود، با این تفاوت که به جای سبزیجات رایج از شنگ، موچه و سیر صحرایی استفاده می‌شود. شنگ گیاهی است که اوایل بهار در اغلب نقاط کشور می‌روید و اغلب بومیان آن را به صورت خام می‌خورند (شکل ۳-۲۲).

شکل ۳-۲۱. نمایی از پرورده دوغ غذای
محلی استان چهارمحال و بختیاری.

آب‌پیز یا اوپیج در میان غذاهای ساده و در عین حال مقوی بختیاری، جایگاه ویژه‌ای دارد و برخی آن را نوعی کله‌جوش بختیاری می‌دانند. این غذا که به سرعت آماده می‌شود، یک وعده غذایی کامل و مغذی است. مواد آن با هم مخلوط شده و کمی حرارت می‌بینند تا به غلظتی مناسب برسند. آب‌پیز معمولاً به صورت ترید و با نان خشک محلی، به‌ویژه نان تیری، مصرف می‌شود و به دلیل داشتن کشک و گردو، سرشار از کلسیم و انرژی است. این غذا گزینه‌ای عالی برای یک وعده سریع و سالم به شمار می‌رود.

نان تیری، نان سنتی و بسیار نازک بختیاری‌ها است که توسط زنان ایل با مهارت خاص روی قطعه فلزی دایره‌ای و محدب به نام "ساج" پخته می‌شود. به دلیل نازکی، ماندگاری خوبی دارد و همراه همیشگی انواع غذاها، از کباب و خورش گرفته تا آب‌پیز و لبنیات است (شکل ۳-۲۳).

شکل ۳-۲۲. نمایی از آش شنگ و موچه

نان کاکولی نوعی نان است که خمیر آن از شیر، آرد و خشکبار مانند گردو، کشمش و بادام تشکیل شده و برای پخت روی آن زرده تخم‌مرغ، گلرنگ، زعفران و زیره زده می‌شود و در تنور پخته می‌شود. اغلب این نان در مراسم نوروز تهیه می‌شود.

نان بلوط مخصوص بختیاری‌هایی است که در جنگل‌های بلوط زندگی می‌کنند. بلوط جمع‌آوری شده را در آب شیرین می‌گذارند تا تلخی آن از بین برود، سپس خشک کرده و دوباره به مدت هفت شبانه‌روز در آب شیرین می‌گذارند تا شیرین شود. بعد از آن بلوط را می‌کوبند تا آرد شود و خمیر کرده نان می‌پزند. در میان بختیاری‌ها این نان به «کلک» معروف است.

شکل ۳-۲۳. نمایی از نان تیری، نان سنتی استان
چهارمحال و بختیاری.

فصل چهارم

شهرها، روستاها و جاذبه‌های دیدنی آن‌ها

۴-۱ مقدمه

استان چهارمحال و بختیاری مرتفع‌ترین استان ایران و در بخش میانی رشته‌کوه زاگرس قرار دارد. شهرهای بزرگتر این استان اغلب در میان دشت‌های میان کوهی قرار دارند و شهرهای کوچکتر نیز در دامنه کوه‌ها و یا دره‌های پهن ودراز جای دارند. این استان به دلیل موقعیت جغرافیایی طبیعی، ویژگی‌های مورفولوژیکی، آب‌وهوای مناسب، فراوانی آب، فراوانی رودخانه‌ها و رشته‌کوه‌های مرتفع، جنگل‌های طبیعی خاص زاگرس، چشمه‌های بزرگ، دره‌های ژرف و دراز و تالاب‌ها دارای جاذبه‌های خاص گردشگری شهری، طبیعت‌گردی و زمین‌گردشگری می‌باشد و در پاره‌ای از موارد بخصوص گردشگری طبیعت در کشور منحصربه فرد است. اغلب شهرهای استان نوساز و دارای بناهای تاریخی زیادی نیستند.

۴-۲ شهر شهرکرد

شهرستان شهرکرد با مساحتی حدود ۱۴۰۰ کیلومتر مربع گستردگی بالغ بر ۹ درصد از کل مساحت استان چهارمحال و بختیاری در شمال آن واقع شده است. جمعیت این شهرستان در سرشماری سال ۱۳۹۵ برابر ۳۱۵۹۸۰ نفر می‌باشد. مرکز آن شهرکرد در موقعیت جغرافیایی"۴۴ ´۵۱ °۵۰ طول خاوری و"۳۳ ´۱۹ °۳۲ عرض شمالی قرار دارد. شهرستان شهرکرد از شمال با شهرستان‌های سامان و بن، از خاور با شهرستان فرخشهر و از جنوب با شهرستان‌های کیار، فارسان و از سمت باختر با شهرستان کوهرنگ محدود می‌شود. در مورد وجه تسمیه شهرکرد نظرات مختلفی وجود دارد. برخی اعتقاد دارند در گذشته شهرکرد به دهکرد معروف بوده است یعنی محله‌ای از کردها، این محله پس از شهر شدن به شهرکرد تغییر نام یافته است. برخی دیگر کرد را برگرفته از شغل

ساکنان آن که گله‌داری بوده است نسبت داده‌اند و برخی نام آن را برگرفته از لباس چوپانان که نوعی بالاپوش نمدی بوده و به آن دهکردین می‌گفتند، می‌دانند. شهرکرد مرکز استان و با تمام مناطق دیدنی استان بخصوص کوهرنگ، تالاب‌ها و بسیاری از مناطق گردشگری طبیعی فاصله چندانی ندارد. از این رو از دیدگاه گردشگری مورد توجه است. قدیمی‌ترین ابنیه تاریخی شهرکرد مربوط به قرن ششم و هفتم خورشیدی دوره اتابکان می‌باشد. این آثار شامل مسجد اتابکان و حمام دوقلوی درب امامزاده است.

از دیگر آثار تاریخی این شهرستان می‌توان به تپه اسکندری مربوط به دوران پیش از اسلام در فاصله یک کیلومتری هفشجان، تپه شهرکهنه با قدمت دوران پیش از تاریخ باستان در شمال باختری هفشجان، محوطه باستانی گورگای تپه در شمال شهر کیان متعلق به دوره پیش از تاریخ و خصوصاً دوران نوسنگی، تپه سراب یا گنبدک مربوط به دوران پیش از تاریخ باستان در شمال شهر کیان، کتیبه گر نوشته هفشجان در کوه جهان‌بین مربوط به هزاره چهارم قبل از میلاد و بقایای راه سنگ‌چین که احتمالاً بقایای اولین مسیر ارتباطی برای انتقال فرهنگ و تمدن شوش و دشت خوزستان به محیط تمدن تابستانی اسکندری هفشجان بوده است، اشاره کرد.

جاذبه‌های گردشگری این شهرستان مسجد جامع شهرکرد، مسجد اتابکان، قلعه چالشتر، موزه باستان‌شناسی شهرکرد، قلعه شمس‌آباد، گردشگاه چشمه زنه، گردشگاه چشمه مایک و منطقه حفاظت‌شده سنگ صیاد می‌باشد. مردم شهرکرد به زبان فارسی با لهجه دهکردی صحبت می‌کنند. صنایع دستی این شهرستان قالی‌بافی، کلاه‌مالی، گیوه‌دوزی، نمدمالی و زین‌سازی و سوغات آن لباس‌های نمدی، عسل و نبات می‌باشد.

مسجد جامع شهرکرد که به مسجد خان شهرت دارد در بافت قدیمی شهر و مرکز شهر و در خیابان ملت قرار گرفته است. این مسجد در سال ۱۲۳۳ خورشیدی توسط یکی از خوانین شهرکرد به نام حاج محمدرضاخان ستوده ساخته شد. بنای آن از آجرهای چهارگوش در ابعاد ۲۲×۲۲ ساخته شده است. دارای شبستان زمستانی و تابستانی، صحن مسجد، رواق‌ها، ایوان‌ها، کاشی‌کاری، ورودی و سردر می‌باشد. گنبدهای مسجد بر روی مقطع چهارگوش قرار گرفته‌اند که به وسیله سه‌کنج‌ها و شاپرک‌ها به هشت و سپس شانزده گوش تقسیم شده است. این مسجد تنها مسجد چهارایوانی استان چهارمحال و بختیاری است و در سال ۱۳۵۶ خورشیدی در فهرست آثار ملی ایران به ثبت رسید.

مسجد اتابکان در خیابان ولیعصر شهر شهرکرد قرار گرفته است و بنای آن احتمالاً به دوران اتابکان مربوط می‌شود. این بنا از آجر ساخته شده و دارای ۹ دهانه طاق با ستون‌های آجری است. دارای یک گنبد و چهار طاق در چهار ضلع می‌باشد. پنجره‌های مسجد به صورت مشبک آجرکاری شده است. این مسجد در مرکز شهر قرار دارد و در سال ۱۳۵۱ خورشیدی در فهرست آثار ملی ثبت گردید.

قلعه چالشتر یا قلعه خدارحم خان در ناحیه چالشتر در فاصله ۵ کیلومتری شمال باختری شهرکرد قرار دارد. خانه‌ای که در واقع منزل احمدخان و محمودخان چالشتری بوده به همت پدرشان خدارحم چالشتری در دوران قاجاریه در سال ۱۲۸۴ خورشیدی ساخته شده است.

مجموعه چالشتر شامل سردر سنگی، خان‌نشین، اندرونی، حمام، انبارها و اسطبل است. قلعه عیانی و خان‌نشین دارای ۳۸ ستون سنگی با سردر و ایوان است. بنا در دو قسمت ساخته شده که وسعت آن تقریباً ۱۲۰۰۰ مترمربع بوده و به شکل هنر ایرانی در دوران قاجاریه ساخته شده است. بنای شمالی تا دهه هفتاد خورشیدی مورد استفاده قرار می‌گرفته است، در صورتی که بنای جنوبی حدوداً نود درصد تخریب شده بود که بازسازی گردید. این مجموعه قلعه ۵ ایوان و ۵ اتاق در اندرونی دارد و در مجموع ۴۰ ستون دارد. اندرونی به نام قلعه ستوده شهرت دارد. طبقه دوم دارای پنج اتاق است. اتاق پنج دری و اتاق‌های جانبی با نقاشی کتیبه آیات قرآنی صحنه نقاشی یوسف و زلیخا تزیین شده است. این قلعه شامل نقوش افسانه‌ای و اسطوره‌ای، زندگی روزمره و گل و گیاه و نقوش فرشته است. این نقوش گاهی برجسته حجاری شده است. در این مجموعه قلعه، اندرونی با یک دالان با قسمت خان‌نشین در ارتباط است و ایوان آن ۱۰ ستون سنگی دارد. اتاق‌های این مجموعه قلعه با نقوشی لندنی که تلفیقی از هنر نقاشی ایرانی و غربی است و مزین به نقوش گل و گلدان، افسانه لیلی و مجنون و نقوش اسلامی شامل نقش یوسف و زلیخا به همراه خط نوشته‌ای از آیات قران می‌باشد. قلعه ستوده با دالانی به قلعه خدارحم خان مرتبط می‌شود. حمام قلعه تاریخی چالشتر هم مزین به کاشی آبی فیروزه‌ای و سفید سربی بوده است. سقف این قلعه به صورت قاب‌هایی از چوب گردو و درب‌ها و پنجره‌های اتاق‌های این مجموعه از چوب گردو به صورت گره چینی شده است. این قلعه یکی از آثار معماری حجاری شده در ایران است.

موزه باستان‌شناسی شهرکرد در حمام پرهیزگار شهرکرد قرار دارد. قدمت بنای آن به دوره پهلوی می‌رسد. در این موزه آثار تاریخی چهارمحال و بختیاری با بیش از ۹ هزارسال نگهداری می‌شود. این آثار شامل ابزارهای سنگی ریز و درشت با پیکره‌های گلی و ابزار استخوانی از دوره نوسنگی است.

در این موزه ظروف سفالی منقوش به نقوش هندسی به رنگ سیاه، متعلق به هزاره‌های چهارم و پنجم قبل از میلاد، کاسه، لیوان، ظروف لوله‌دار و بشقاب‌های مفرغی از دوران مادها به نمایش گذاشته شده است.

قلعه شمس‌آباد در فاصله ۱۵ کیلومتری شهرکرد در روستای شمس‌آباد قرار دارد. این قلعه به دست یوسف‌خان از خوانین بختیاری در دوران قاجاریه و اوایل دوران پهلوی بنا شده است. این بنا دارای یک ساختمان مرکزی است که از دو طبقه تشکیل شده است. طبقه اول دارای دو ایوان ستون‌دار در جهت خاوری- باختری است که از طریق پلکان سنگی به حیاط مرتبط می‌شود. در طرفین قلعه چند اتاق با کاربری‌های مختلف قرار گرفته است. در این قلعه ستون‌هایی مزین به

نقوش گیاهی و انسانی با مردانی مسلح و لباس محلی حجاری شده است. پیرامون قلعه را باغ پوشانده است و امروزه یکی از اردوگاه‌های دانش‌آموزی استان است.

گردشگاه چشمه زنه در فاصله ۲ کیلومتری هفشجان و ۲۰ کیلومتری شهرکرد در دامنه رشته‌کوه جهان‌بین قرار دارد. این گردشگاه دارای چشمه آب‌معدنی، لاله‌های واژگون و سد خاکی است.

گردشگاه چشمه مایک در فاصله ۵ کیلومتری شهر سورشجان در جاده سورشجان-فارسان قرار دارد. این گردشگاه دارای چشمه، باغ‌ها و کوه می‌باشد.

۴-۳ شهرستان کیار

این شهرستان با مساحت ۱۴۰۸ کیلومتر مربع در بخش‌های مرکزی استان واقع شده است. جمعیت این شهرستان ۵۰۹۷۶ نفر می‌باشد (بر اساس آمار سال ۱۳۹۵). مرکز آن شهر شلمزار در موقعیت جغرافیایی"۵۶ ´۴۸ °۵۰ طول خاوری و"۴۳ ´۰۲ °۳۲ عرض شمالی قرار دارد (شکل ۴-۲). فاصله این شهر تا مرکز استان ۴۵ کیلومتراست. این شهرستان از شمال به شهرستان شهرکرد، از شمال باختری به شهرستان فارسان، از باختر به شهرستان اردل، از خاور به شهرستان های بروجن و فرخ شهر و از جنوب به شهرستان های اردل و خانمیرزا محدود می‌شود.مراکز جمعیتی این شهرستان نسبتاً کوچک بوده و مناطق دیدنی شهری و امکانات رفاهی کمی دارد؛ اما این شهرستان دارای طبیعت و مناطق دیدنی بی‌نظیری است. از جاذبه‌های گردشگری این شهرستان می‌توان به قلعه دزک، قلعه صمصام‌السلطنه، تالاب سولگان، آبشار دره عشق (شکل ۴-۱)، منطقه حفاظت‌شده سبزکوه، آبشار علیا و منطقه مشایخ اشاره کرد.

شکل ۴-۱. نمایی آبشار دره عشق.

شکل ۴-۲. نمایی از شهر شلمزار (موقعیت جغرافیایی "۲۴ ´۴۹ °۵۰ طول خاوری و "۴۳ ´۰۲ °۳۲ عرض شمالی).

قلعه دزک (قلعه امیرمفخم بختیاری) در روستای دزک در فاصله ۳۶ کیلومتری جنوب شهرکرد و در موقعیت جغرافیایی ´۵۷/۸ °۵۰ طول خاوری و ´۰۵°۳۲ عرض شمالی قرار دارد. بنای آن را به دوره قاجاریه نسبت داده‌اند. این قلعه در دو طبقه بنا شده و دارای اتاق‌ها و تالارهایی است که هر کدام نازک‌کاری، کاشی‌کاری، حجاری، گچ‌کاری و آینه‌کاری شده است. در این قلعه اتاقی به تالار آینه و اتاقی به سفره‌خانه شهرت گرفته است. این قلعه علاوه بر شهرتش به دلیل معماری، به دارا بودن کتابخانه امیر مفخم که علی‌اکبر دهخدا در آن مکان بوده معروف است.

علی‌اکبر دهخدا در دوران استبداد صغیر به دلیل ترک تهران در این قلعه مسکن گزید. او که تا آن زمان به کارهای سیاسی مشغول بود با ماندن در این قلعه به مطالعه پرداخت و به تدریج به تألیف لغت‌نامه خود پرداخت و از سیاست فاصله گرفت. این قلعه امروزه به عنوان موزه مردم‌شناسی در معرض دید عموم قرار دارد.

قلعه صمصام‌السلطنه در شهر شلمزار و در فاصله ۴۰ کیلومتری جنوب شهرکرد قرار گرفته است. این قلعه در دوره نجف‌قلی‌خان ایلخان بختیاری ملقب به صمصام‌السلطنه ساخته شده است. قلعه صمصام‌السلطنه در دو طبقه بنا شده است. طبقه اول یا همکف دارای ایوانی است و از ستون‌های متعددی تشکیل شده است و طبقه دوم متأسفانه تخریب شده است. این قلعه اهمیت خود را از نظر گردشگری از دست داده است.

۴-۴ شهرستان فارسان

شهرستان فارسان با ۵۵۹ کیلومتر مربع در مرکز استان چهارمحال و بختیاری و در باختر شهرستان شهرکرد قرار دارد. جمعیت این شهرستان ۹۵۲۸۶ نفر می‌باشد (بر اساس آمار سال ۱۳۹۵). مرکز آن شهر فارسان در موقعیت جغرافیایی "۱۳ ´۳۴ °۵۰ طول خاوری و "۲۹ ´۱۵ °۳۲ عرض شمالی قرار دارد. فاصله این شهر تا مرکز استان ۳۵ کیلومتر می‌باشد. شهرستان فارسان از شمال به شهرستان شهرکرد، از خاوری به شهرستان کیار، از شمال باختری به شهرستان کوهرنگ و از جنوب باختری به شهرستان اردل محدود می‌شود. وجه تسمیه فارسان به معنی سوار است به این دلیل که اغلب مردم این شهر به حرفه سوارکاری علاقه‌مند بوده‌اند. شهرستان فارسان با دارا بودن شهرهایی مانند جونقان، باباحیدر و ...، ویژگی‌های طبیعت، کوه‌های پیرامون، چشمه‌ها، مراتع و جاذبه‌های گردشگری شهری یکی از شهرستان‌های گردشگری استان چهارمحال و بختیاری به شمار می‌رود. جاذبه‌های گردشگری این شهرستان شامل بنای تاریخی خان‌اوی، سنگ‌نوشته مشروطیت، قلعه جونقان (کاخ سردار اسعد)، غار سراب باباحیدر، غار سیدعیسی و گردشگاه پیرغار می‌باشد. مردم این شهرستان به زبان لری بختیاری صحبت می‌کنند. صنایع دستی شهرستان فارسان گلیم و جاجیم و سوغات آن داروهای گیاهی و عسل می‌باشد.

بنای تاریخی خان‌اوی کاروانسرای تنگ درکش ورکش جونقان در مسیر جاده شهرکرد-اردل در فاصله حدود ۱۰ کیلومتری جنوب شهر جونقان بعد از تنگه درکش ورکش قرار دارد. بنای خان‌اوی به صورت طاق‌های سنگی است که از دو دهانه از سنگ‌های شکل داده شده به صورت خشکه‌چین تشکیل شده است. این بنا در دوره ایلخانان ساخته شده و محل اطراق بسیاری از کاروانیان بوده است.

سنگ‌نوشته مشروطیت در روستای ده‌چشمه در جنوب شهر فارسان قرار دارد و به کتیبه مشروطه شهرت گرفته است. این کتیبه به دستور خسروخان سردار ظفر بختیاری حک شده است و حکایت از لشگرکشی بختیاری‌ها به اصفهان و تهران و نقش سرداران بختیاری در سرکوبی استبداد صغیر و سقوط محمدعلی شاه در واقعه مشروطیت دارد.

قلعه جونقان (کاخ سردار اسعد) که به قلعه سردار اسعد (از بزرگان ایل بختیاری و رجال سیاسی ایران در دوران مشروطیت) نیز شهرت دارد در شهر جونقان قرار گرفته است. این قلعه توسط علی‌قلی‌خان سردار اسعد بختیاری در دوران زمامداری ایل بختیاری ساخته شده است. این بنا در دو طبقه است و طبقه دوم دارای سه ایوان در سه طرف خانه می‌باشد. بر روی ستون‌ها و دیوارهای قلعه حجاری، آجرکاری و گچ‌بری به اشکال گوناگون دیده می‌شود (شکل ۴-۳).

شکل ۴-۳. نمایی از قلعه جونقان، فارسان (موقعیت جغرافیایی "۲۰ ´۴۱ °۵۰ عرض شمالی و "۵۸ ´۰۸ °۳۲ عرض شمالی).

بر پایه برخی نوشته‌ها این قلعه مبدأ فتح شهرهای اصفهان و تهران در دوران مشروطیت بود. امروزه این قلعه به عنوان موزه صنایع دستی در معرض دید عموم قرار دارد. این قلعه در سال ۱۳۵۶ خورشیدی در فهرست آثار ملی ثبت گردید.

گردشگاه پیرغار در فاصله ۵/۵ کیلومتری جنوب باختری شهر فارسان و در روستای ده چشمه قرار دارد که دارای غار، رودخانه‌ای خروشان، چشمه‌های پرآب و درختان بلندی است و علاوه بر آن بر دیواره کوه سنگ‌نوشته‌هایی مربوط به دوره قاجاریه دیده می‌شود (سنگ نوشته مشروطیت) که به خط نستعلیق نوشته شده است. این مکان یکی از تفرجگاه‌های شهرستان فارسان می‌باشد و میزبان گردشگران، مسافران و اهالی این شهرستان است. شکل‌های ۴-۴ و ۴-۵ بخش‌هایی از گردشگاه پیرغار را نشان می‌دهد.

شکل ۴-۴. نمایی از گردشگاه پیرغار (موقعیت جغرافیایی "۰۲ ´۱۳ °۳۲ عرض شمالی و "۳۸ ´۳۲ °۵۰ عرض شمالی).

شکل ۴-۵. نمایی از سنگ‌نوشته‌های مشروطیت گردشگاه پیرغار، فارسان.

۴-۵ شهرستان سامان

شهرستان سامان با ۴۷۰ کیلومتر مربع در شمال خاوری استان چهارمحال و بختیاری قرار گرفته است. جمعیت این شهرستان ۳۴۶۱۶ نفر می‌باشد(بر اساس آمار سال ۱۳۹۵). مرکز آن شهر سامان در موقعیت جغرافیایی"۳۸ ´۵۴ °۵۰ طول خاوری و"۵۴ ´۲۶ °۳۲ عرض شمالی قرار دارد. فاصله این شهر تا مرکز استان ۲۴ کیلومتر است. این شهرستان از شمال و خاور با استان اصفهان هم‌مرز است و از جنوب به شهرستان شهرکرد و از باختر به شهرستان بن می‌رسد. شهرستان سامان شهرستان کوچکی است ولی دارای اقلیم، فرهنگ، همچنین پوشاک و لهجه مخصوص به خود می‌باشد. این شهر دارای باغ‌های فراوانی بخصوص باغ‌های انگور است (شکل ۴-۶ و ۴-۷). از جاذبه‌های گردشگری این شهرستان می‌توان به آرامگاه دهقان و پل زمان‌خان اشاره کرد.

شکل ۴-۶. نمایی از شهر سامان (موقعیت جغرافیایی "۳۷ ´۵۴ °۵۰ طول خاوری"۰۷ ´۲۷ °۳۲ عرض شمالی).

شکل ۴-۷. نمایی از شهر سامان (موقعیت جغرافیایی "۳۷ ´۵۴ °۵۰ طول خاوری و "۰۷ ´۲۷ °۳۲ عرض شمالی).

آرامگاه دهقان، مدفن میرزا ابوالفتح‌خان دهقان سامانی ـ شاعر برجسته چهارمحال و بختیاری و مشهور به «سیف‌الشعرا» ـ است که از شاعران نامدار دوره قاجار به‌شمار می‌آید. این آرامگاه در نزدیکی پل زمان‌خان و در شهر سامان قرار دارد. معماری این مقبره منحصربه‌فرد و دیدنی است؛ نمای آن با آجر ساخته شده و طرح کلی بنا به‌صورت نیم‌دایره است که درون آن بقعه‌ای کروی‌شکل قرار گرفته و جلوه‌ای ویژه به این بنا بخشیده است.

پل زمان‌خان در شهر سامان و در فاصله ۲۵ کیلومتری شمال شهرکرد بر روی رودخانه زاینده‌رود قرار گرفته است. این پل به دستور زمان‌خان ساخته شده است. بنای آن آجری و با دو دهانه نامساوی می‌باشد. پل زمان‌خان در سال ۱۳۷۵ خورشیدی در فهرست آثار ملی ایران ثبت گردید. در گذشته از آن به عنوان معبر استفاده می‌شد ولی اکنون یکی از جاذبه‌های گردشگری تاریخی می‌باشد (شکل ۴-۸).

شکل ۴-۸. نمایی از پل زمان‌خان، سامان (موقعیت جغرافیایی "۶۰ ´۵۳ °۵۰ طول خاوری و "۱۶ ´۲۹ °۳۲ عرض شمالی).

۴-۶ شهرستان اردل

شهرستان اردل در جنوب و جنوب باختری شهرکرد قرار دارد. جمعیت این شهرستان ۴۸۸۸۰ نفر می‌باشد (بر اساس آمار سال ۱۳۹۵). مرکز آن شهر اردل در موقعیت جغرافیایی"۴۲ ´۳۹ °۵۰ طول خاوری و "۵۷ ´۵۹ °۳۱ عرض شمالی قرار دارد. فاصله این شهر از مرکز استان ۷۶ کیلومتر است. این شهرستان از شمال با شهرستان فارسان، از خاور با شهرستان کیار، از شمال باختری با شهرستان کوهرنگ، از جنوب با شهرستان لردگان و از جنوب خاوری با شهرستان خانمیرزا محدود می‌شود. شهر اردل شهری کوچک است که در دامنه کوه قرار گرفته و پیرامون آن را کوه فراگرفته است. این شهر در نزدیکی مسیر جاده‌های اصلی شهرکرد-مسجدسلیمان قرار دارد و طبیعتی بکر دارد (شکل ۴-۹). شهر اردل لبنیات و گوشت فراوان دارد. از جاذبه‌های گردشگری این شهرستان می‌توان به چشمه شلیل، چشمه مولا آلیکوه، چشمه سرداب رستم‌آباد (شکل ۴-۱۱)، تالاب سولگان، آبشار زردلیمه (شکل ۴-۱۰)، حاشیه رودخانه کارون، روستای سرخون، پارک جنگلی شیاسی، منطقه حفاظت‌شده جنگلی هلن، منطقه هلوسعد، قلعه ابوالقاسم‌خان بختیاری، پارک جنگلی گندمگار و راه باستانی دزپارت اشاره کرد. از صنایع دستی این شهرستان می‌توان به قالی‌های محلی آن اشاره کرد. شهرهای وابسته به این شهرستان یعنی دشتک، سرخون و کاج تنها دارای مناطق گردشگری طبیعت هستند.

شکل ۴-۹. نمایی از شهر اردل (موقعیت جغرافیایی "۳۶ ´۴۳ °۵۰ طول خاوری و"۰۱ ´۵۶ °۳۱ عرض شمالی).

شکل ۴-۱۰. نمایی از آبشار زرده لیمه.

شکل ۴-۱۱. نمایی از سراب رستم آباد.

پارک جنگلی شیاشی در روستای شیاشی در شهرستان اردل قرار دارد. مسیر دستیابی به پارک شیاسی از شهر سرخون در شهرستان اردل به سمت جنوب خاوری می‌باشد که از مسیر جاده خاکی حرکت کرده و پس از عبور از روستای کاهیدان به روستای شیاشی می‌رسد.

پارک جنگلی گندمکار در روستای گندمکار در بخش جنوبی شهرستان اردل قرار دارد. مسیر دستیابی به آن از جاده ناغان به روستای گندمکار می‌باشد.

۴-۷ شهرستان لردگان

شهرستان لردگان در جنوب استان چهارمحال بختیاری قرار دارد. جمعیت این شهرستان ۱۵۵۹۵۳ نفر می‌باشد (بر اساس آمار سال ۱۳۹۵). مرکز آن شهر لردگان در موقعیت جغرافیایی"۵۱ ´۴۸ °۵۰ طول خاوری و"۰۰´۳۱ °۳۱ عرض شمالی قرار دارد. فاصله این شهر تا مرکز استان ۱۶۷ کیلومتر است. این شهرستان از شمال به شهرستان‌های اردل و خانمیرزا، از خاور به شهرستان فلارد، از باختر به استان خوزستان و از جنوب به استان کهگیلویه و بویراحمد محدود می‌شود. شهر لردگان شهری بزرگ از نظر وسعت است.

این شهر کوهستانی و پر از چشمه با طبیعتی زیبا می‌باشد. این شهر متأسفانه امکانات اقامتی مناسبی ندارد. از جاذبه‌های گردشگری این شهرستان می‌توان به آبشار آتشگاه، چشمه برم، چشمه سندگان، جنگل بلوط منطقه میلاس، پل کره‌بسو پارک جنگلی چهارطاق اشاره نمود. مردم شهرستان لردگان از لرهای بختیاری هستند و به گویش لری و بختیاری صحبت می‌کنند. مردم این شهر اغلب به شغل کشاورزی و کشت برنج چمپا مشغول‌اند. سوغات این شهرستان شامل گیاهان دارویی و برنج می‌باشد.

پل کره‌بس در دوران پهلوی در گردنه کره‌بس در فاصله ۴۰ کیلومتری جنوب شهر گندمان و روستای گردبیشه بر روی رودخانه کره‌بس احداث شد. این پل تک دهانه‌ای است و امروزه تردد بر روی آن صورت نمی‌گیرد.

پارک جنگلی پروز در جنوبی‌ترین نقطه شهرستان لردگان و روستای پروز قرار دارد. پارک جنگلی پروز با دارا بودن درختان، چشمه و رودخانه مکانی زیبا برای استراحت مردم منطقه می‌باشد. مسیر دستیابی به پارک از جاده اصلی لردگان-یاسوج است که از روستای کلار تا روستای پروز خاکی است.

پارک جنگلی چهارطاق در روستای منج در مسیر جاده لردگان- خوزستان قرار دارد. پارک چهارطاق در حاشیه رودخانه لردگان قرار دارد. این پارک علاوه بر تفرجگاه مردم شهرستان لردگان نیز استراحتگاه مسافران می‌باشد.

۱۲-۴. نمایی از دریاچه و پل قوسی سد کارون.

۸-۴ شهرستان بروجن

شهرستان بروجن با مساحت ۲۲۵۷ کیلومتر مربع ۱۴ درصد از کل مساحت استان چهار محال و بختیاری را شامل می شود. در جنوب خاوری شهرستان کوهرنگ قرار دارد. جمعیت این شهرستان ۱۲۲۴۸۳ نفر می‌باشد (بر اساس آمار سال ۱۳۹۵). مرکز آن شهر بروجن در موقعیت جغرافیایی"۱۸ ´۱۷ °۵۱ طول خاوری و"۴۸ ´۵۷ °۳۱ عرض شمالی قرار دارد. فاصله این شهر تا مرکز استان ۶۴ کیلومتر است. شهرستان بروجن از خاور به استان اصفهان، از شمال به شهرستان‌های فرخ شهر و شهرکرد، از جنوب به شهرستان خانمیرزا و از باختر به شهرستان کیار محدود می‌شود. وجه تسمیه این شهر از اورجی گرفته شده است. «اور» به معنی سرزمین و شهر است و «جی» یکی از محلات اصفهان می‌باشد. شهرستان بروجن با دارا بودن شهرهایی چون بلداجی و گندمان که دارای سوغات گز است شهرت ملی دارد. این شهرستان را می‌توان شهر تالاب نامید.

از جاذبه‌های گردشگری این شهرستان می‌توان به منطقه گردشگری سیاسرد، تالاب گندمان، تالاب چغاخور، تالاب‌های چال‌تر و چال خشک، چشمه علی روستای امام‌قیس، چشمه گلوگرد و چشمه سیاه‌سرد اشاره کرد. گویش مردم شهرستان بروجن فارسی با لهجه اروجی است.

۹-۴ شهرستان کوهرنگ

شهرستان کوهرنگ پهناورترین شهرستان استان چهارمحال و بختیاری است که در شمال باختری استان چهارمحال و بختیاری قرار دارد. جمعیت این شهرستان ۵۱۵۳۵ نفر می‌باشد (بر اساس آمار سال ۱۳۹۵). مرکز آن شهر چلگرد در موقعیت جغرافیایی"۴۵ ´۰۷ °۵۰ طول خاوری و"۴۵ ´۲۷ °۳۲ عرض شمالی قرار دارد. فاصله این شهر تا مرکز استان ۸۹ کیلومتر است. شهرستان کوهرنگ از خاور و جنوب خاوری به شهرستان‌های سامان، فارسان و اردل، از جنوب به استان خوزستان، از شمال باختر به استان لرستان و از شمال به استان اصفهان محدود می‌شود (شکل ۴-۱۳).

شکل ۴-۱۳. نمایی از شهر چلگرد (موقعیت جغرافیایی "۰۹ ´۰۸ °۵۰ طول خاوری و "۵۲ ´۲۷ °۳۲ عرض شمالی).

وجه تسمیه این شهرستان از کوه‌های رنگی گرفته شده است. دشت لاله‌های واژگون این شهرستان منظره رنگی بسیار زیبایی به کوه‌های منطقه بخصوص در ماه فروردین داده است. این شهرستان از نظر گردشگری طبیعی بسیار مورد توجه است و سالانه گردشگران بسیاری را به خود جذب می‌کند. شهرستان کوهرنگ بسیار خوش آب‌وهوا و دیدنی است بخصوص اینکه این شهرستان در نزدیکی شهر بزرگ اصفهان قرار دارد و دستیابی به آن از طریق شهرکرد و یا نجف‌آباد آسان است. جاذبه‌های گردشگری این شهرستان آبشار و تونل کوهرنگ، آبشار

شیخ علیخان، چشمه دیمه، چشمه مورز، چشمه دزداران (صمصامی)، چشمه کوهرنگ، گور دخمه‌های سنگی (برد گوری)، غار یخی چما، دشت لاله‌های واژگون، حاشیه رودخانه بازفت، منطقه جنگلی بازفت و پیست اسکی منطقه سردسیر چلگرد و روستای پلکانی سر آقا سید (شکل ۴-۱۴) می‌باشد.

شکل ۴-۱۴. نمایی از روستای سر آقا سید.

مردم این شهر را ایل هفت‌لنگ بختیاری تشکیل می‌دهد و اغلب به دامداری، کشاورزی و قالی‌بافی مشغول‌اند و با گویش بختیاری صحبت می‌کنند. این شهرستان دارای ۳ شهر چلگرد، بازفت و صمصامی می‌باشد.

پیست اسکی منطقه سردسیر چلگرد در شهر چلگرد در کنار تونل اول کوهرنگ قرار دارد. این منطقه سردسیر است و در تمام فصول زمستان پوشیده از برف است. بارش‌های این منطقه و چشمه‌های موجود در این منطقه آب دو رودخانه زاینده‌رود و کارون را تأمین می‌کند.

دشت لاله‌های واژگون در بخش شمالی شهرستان کوهرنگ در بخش خاوری پیست اسکی قرار دارد. وسعت این دشت در حدود ۳۶۰۰ هکتار است. این دشت بسیار زیبا از کوه‌های منطقه بنواستکی به سمت جنوب خاوری تا دامنه کوه کوگانک، آب‌کاسه خوربه و مله‌زرده ادامه پیدا می‌کند. لاله‌های واژگون در فصل بهار و ماه‌های فروردین و اردیبهشت به گل می‌نشینند و مناظر زیبایی را خلق می‌کنند.

گور دخمه‌های سنگی (برد گوری) در نزدیکی کوهرنگ قرار گرفته است و به دو منظور استفاده می‌شد. یکی پناه گرفتن در مقابل گزند حیوانات درنده و دیگری سکونت افراد بازمانده از ایل و ملحق شدن به ایل بعدی. گاهی در هنگام کوچ افرادی که به بیماری شدید دچار می‌شدند در این دخمه‌ها قرار می‌گرفتند تا توسط ایل‌های دیگر و یا در وقت مناسب بتوانند آنها را جابه‌جا کنند. البته در این موارد همراه آنها به اندازه کافی غذا برای استفاده در نظر می‌گرفتند (شکل ۴-۱۵).

شکل ۴-۱۵. نمایی از گور دخمه‌های سنگی کوهرنگ (موقعیت جغرافیایی "۵۲ ´۱۳ °۵۰ طول خاوری و"۰۸ ´۱۸ °۳۲ عرض شمالی).

۴-۱۰ شهرستان بن

شهر بِن در ۲۵ کیلومتری شمال شهرکرد و در حاشیه جاده‌ای قرار دارد که شهرکرد، مرکز استان، را به سد زاینده‌رود متصل می‌سازد و از آنجا ادامه مسیر به داران و از سوی دیگر به استان مرکزی می‌رسد. این شهر در عرض جغرافیایی ۳۲ درجه و ۳۳ دقیقه و طول جغرافیایی ۵۰ درجه و ۴۵ دقیقه واقع شده و ارتفاع آن از سطح دریا ۲۲۰۰ متر است. شهر بِن از شمال به سد زاینده‌رود، از جنوب به کوه بِن و روستای وردنجان، از غرب به کوه افغان و روستای لارک (لاطان) و از شرق به کوه شیراز و شهر سامان محدود می‌شود. به دلیل مجاورت با گرداب بِن، زاینده‌رود و سد زاینده‌رود و همچنین داشتن آب و هوای معتدل در تابستان، طبیعت زیبا و کوه‌های مناسب کوهنوردی در بهار و تابستان، شهر بِن یکی از مراکز مهم توریستی و گردشگری استان به شمار می‌رود.

وجه تسمیه نام شهر بِن نیز تا حدودی روشن است. افراد مسن محلی معتقدند که این شهر در محدوده‌ای بین حوزه نفوذ خوانین بختیاری و خوانین قشقایی قرار داشته و به همین دلیل

به «بین» معروف بوده که به مرور به «بِن» تغییر شکل یافته است. برخی دیگر بر این باورند که واژه «بِن» از لغت «بُن» به معنای ریشه آمده است و اشاره دارد به این که شهر در دامنه کوه قرار گرفته و در گذشته گفته می‌شد شهری که در «بُن» کوه است. شهر بِن زادگاه میرزا حبیب دستان‌بنی، معروف به میرزا حبیب اصفهانی، است. او نخستین گردآورنده دستور زبان فارسی و از اولین روشنفکران دوره قاجار و مترجمان ایرانی به شمار می‌رود.

از جاذبه‌های گردشگری شهر بِن و اطراف آن، طبیعت زیبای منطقه است که برای طبیعت‌گردی و کوهنوردی بسیار مناسب است و در بهار و تابستان امکان بهره‌برداری از این فعالیت‌ها فراهم می‌شود. اطراف شهر سه کوه قرار دارد: کوه شیراز، کوه افغان و کوه جنگی. هر یک از این کوه‌ها ویژگی‌های خاص خود را دارند و چشمه‌های آن‌ها در بهار و بعضاً در تابستان جاری می‌شوند. کوه جنگی بِن نیز برای صخره‌نوردی موقعیت مناسبی فراهم می‌کند.

گرداب بِن با آلاچیق‌های زیبا، امکانات قایق‌سواری، آب گوارای چشمه‌های دامنه کوه و نزدیکی به شهر بِن، سالانه مسافران بسیاری را از سراسر ایران به این منطقه جذب می‌کند. سایر مکان‌های گردشگری شهرستان بِن عبارت‌اند از آرامگاه بابا محمود شعیب ف، امامزاده باباپیراحمد بِن، کوه افغان بِن و بقایای تاریخی مرتبط با افغان‌ها، سد زاینده‌رود در یانچشمه، امامزاده سید محمد در بارده، امامزاده سید بهاءالدین محمد در شیخ شبان و پیست اسکی بارد.

۴-۱۱ شهرستان فرخ‌شهر

موقعیت جغرافیایی فرخ‌شهر در شمال شرقی استان چهارمحال و بختیاری و در قسمت شرقی رشته‌کوه‌های زاگرس قرار دارد و ارتفاع آن از سطح دریا ۲۰۴۰ متر است. این شهر در ۸۰ کیلومتری شهر اصفهان واقع شده و در طول جغرافیایی ۵۰ درجه و ۵۸ دقیقه شرقی و عرض جغرافیایی ۳۲ درجه و ۱۷ دقیقه شمالی قرار دارد. از شمال به کوه‌های «برات» و «پنجه»، از جنوب به تپه‌ماهورهای خیرآباد، از غرب به اراضی کشاورزی شهرکیان و از شرق به کوه‌های «برآفتاب حاجی»، «رخ» و «سه چاه» محدود می‌شود. مساحت منطقه فرخ‌شهر حدود ۳۰۰ کیلومتر مربع است و ناهمواری‌ها این شهر را از سه طرف احاطه کرده‌اند. جهت رشته‌کوه‌های اطراف بیشتر شمالی-جنوبی است و بلندترین ارتفاعات آن، کوه چفت با بیش از ۳۱۰۰ متر در جنوب و دشت غازدانی و گلستان، پست‌ترین نقطه فرخ‌شهر در غرب شهر قرار دارد.

فرخ‌شهر از شمال شرقی با شهرستان لنجان استان اصفهان، از شمال غربی با شهرستان شهرکرد، از جنوب غربی با شهرستان کیار و از جنوب شرقی تا جنوب با شهرستان بروجن همسایه است. نام قدیم این شهر قهفرخ بوده که در سال ۱۳۴۹ به فرخ‌شهر تغییر نام یافت. برخی بر این باورند که قهفرخ برگرفته از گردنه‌ای به نام رخ در حوالی شهر است و کهفرخ مخفف «کوه رخ» می‌باشد. در زمان صفویان مرکز حکومتی منطقه در قهفرخ قرار داشت و آثار و بناهای تاریخی از آن دوره

بر جای مانده است. برای مثال در دامنه شمالی گردنه رخ، کتیبه سنگی رخ به حدود ۱۰۳۰-۱۰۳۱ خورشیدی و در مسیر راه باستانی اصفهان-خوزستان حک شده است.

از جمله مراکز تفریحی فرخ‌شهر می‌توان به پارک بزرگ سرچشمه اشاره کرد که استخر آن با چشمه دیریژنو تغذیه می‌شود. دیگر مکان‌های تفریحی شامل قنات بِرُوی، تفریحگاه بابازکی، چشمه رباط و چشمه‌های کت هستند. این شهر همچنین دارای محصولات محلی متنوعی همچون انگور، نان، نان شیرمال خاص به نام کاکولی، لبنیات، گوشت و قالی و قالیچه‌های فرخ‌شهر است. پیشه بسیاری از مردم این شهر کامیون‌داری و رانندگی با ماشین‌های سنگین است و به همین دلیل فرخ‌شهر به «پایتخت کامیون‌داران ایران» شهرت دارد. قهفرخ، زادگاه ثریا پهلوی، ملکه سابق ایران، و مرکز ییلاقی خان‌های بختیاری است. بر اساس سرشماری عمومی نفوس و مسکن سال ۱۳۹۵، جمعیت فرخ‌شهر ۳۱,۷۳۹ نفر (۹,۲۹۲ خانوار) بوده است.

آثار باستانی و بناهای تاریخی

بی‌شک فرخ‌شهر که همواره یکی از آبادترین و پررونق‌ترین نواحی چهارمحال و بختیاری بوده، قدمت زیادی دارد و شواهد متعددی این ادعا را تأیید می‌کنند. در ابتدا فرخ‌شهر در کنار راهدارخانه‌ای در دامنه کوه رخ قرار داشت که از موقعیتی راهبردی برخوردار بود و در کنار جاده‌ای واقع شده بود که از طرف گابه یا گبیانه (اصفهان کنونی) به دشت سوزیانا (خوزستان کنونی) امتداد می‌یافت. این راه پس از گذر از گردنه رخ و پشت قریه شهرک، در ادامه به هفشجان متصل می‌شد و با عبور از تنگ خراجی و مناطق پشتکوه، در نهایت تا استان کنونی خوزستان ادامه می‌یافت.

سنگ نوشته رخ مربوط به دوره صفوی است و در شهرستان فرخ شهر، گردنه رخ واقع شده و این اثر در تاریخ ۸ مرداد ۱۳۸۱ با شماره ثبت ۵۹۹۶ به‌عنوان یکی از آثار ملی ایران به ثبت رسیده‌است. این سنگ نوشته در مسیر راه باستانی اصفهان به خوزستان قرار داشته‌است و در سال ۱۰۶۲ هجری قمری و به هنگام عبور شاه عباس صفوی از این مسیر، بر دامنه شمالی کوه رخ حک شده‌است.

از دیگر مناطق دیدنی و تاریخی فرخ‌شهر می‌توان به مسجد جامع فرخ‌شهر، قلعه اسفندیار خان، عصارخانه‌ها، پارک جنگلی سرچشمه (پارک استخر) و تفریحگاه بابازکی اشاره کرد.

تنگه صیاد با وسعت تقریبی ۲۷ هزار هکتار در جنوب شرقی فرخ‌شهر و در جوار بخش دستگرد این شهرستان واقع شده است. محیط اطراف این منطقه حدود ۸۷ کیلومتر است. این ناحیه در سال ۱۳۵۲ به عنوان منطقه حفاظت‌شده و بخشی از آن در سال ۱۳۷۴ به عنوان پارک ملی اعلام شد. تنگه صیاد حالت کوهستانی داشته و از کوه‌هایی با ارتفاع ۲۶۰۰ تا ۳۰۰۰ متر از سطح دریا شکل گرفته است. از مهم‌ترین کوه‌های این منطقه می‌توان به کوه رنگرزی با ارتفاع

۳۱۱۴ متر، کوه جولان، کوه سرخ، کوه پاچفت (همایون)، کوه شهیدان و کوه برآفتاب اشاره کرد. بلندترین قله این منطقه، جیلان، با ۳۱۸۹ متر ارتفاع در جنوب منطقه حفاظت‌شده و پارک ملی تنگه صیاد واقع شده است. تنگه صیاد دارای دره‌های وسیع و بزرگی است که نه تنها زیستگاه انواع وحوش به شمار می‌رود، بلکه منبع غنی گیاهان دارویی نیز محسوب می‌شود. از جمله این دره‌ها می‌توان به دره مارون (معصومه‌آباد)، بستان شیر، گل دره، ایرانچه، ماما کوله، دره سنگی و دره بید اشاره کرد.

۴-۱۲ شهرستان خانمیرزا

مرکز این شهرستان، شهر آلونی است. این شهرستان در پنجم اسفند ۱۳۹۷ از شهرستان لردگان جدا شد و مستقل گردید. شهرستان خانمیرزا از شمال شرقی با شهرستان بروجن، از شمال غربی با شهرستان کیار، از جنوب شرقی با شهرستان فلارد، از جنوب تا جنوب غربی با شهرستان لردگان، از شرق با شهرستان سمیرم استان اصفهان و از غرب با شهرستان اردل همسایه است. بر پایه سرشماری عمومی نفوس و مسکن در سال ۱۳۹۵، جمعیت شهرستان خانمیرزا برابر با ۵۳,۷۲۸ نفر بوده‌است. مردم شهرستان خانمیرزا از نژاد لر بختیاری هستند و به زبان لری بختیاری سخن می‌گویند؛ همچنین پیرو دین اسلام و مذهب شیعه هستند.

از جاذبه‌های گردشگری شهرستان فرخ‌شهر می‌توان به تالاب مورزرد زیلایی، بردگوری‌های تاریخی، رود ارمند که مرکز ورزش رفتینگ است (شکل ۴-۱۶)، منطقه حفاظت‌شده سبزکوه بختیاری و تالاب آلونی اشاره کرد.

شکل ۴-۱۶. نمایی از ساحل رودخانه ارمند.

۴-۱۳ شهرستان فلارد

مرکز این شهرستان، شهر مال‌خلیفه است. این شهرستان در تاریخ ۲۴ تیرماه ۱۴۰۱ از شهرستان لردگان جدا گردید و مستقل شد (شکل ۴-۱۷). از نقاط دیدنی و جاذبه‌های گردشگری شهرستان فلارد می‌توان به پارک جنگلی پروز، جنگل بلوط دالورا، آبشار میلان باباحمدی، امامزاده محمد حنفیه میلان، امامزاده حسن، باغات روستای ابواسحاق، قلعه دشتپاگرد، چشمه سندگان (شکل ۴-۱۸) و چشمه برم مال‌خلیفه اشاره کرد. بر پایه سرشماری عمومی نفوس و مسکن در سال ۱۳۹۵، جمعیت شهرستان فلارد برابر با ۳۳,۰۲۳ نفر بوده است.

پیشینه نام در گویش لری بختیاری، به تعدادی خانه که در کنار هم بنا شده‌اند، «مال» گفته می‌شود. مردم این منطقه پیرو دین اسلام و مذهب شیعه هستند؛ همچنین از اقوام لُر هستند و به گویش لری بختیاری سخن می‌گویند. بر پایه سرشماری عمومی نفوس و مسکن در سال ۱۳۹۵، جمعیت شهر مال‌خلیفه برابر با ۴,۰۲۴ نفر (۱,۲۲۸ خانوار) بوده‌است.

شکل ۴-۱۷. نمایی از چشمه برم مال‌خلیفه.

شکل ۴-۱۸. نمایی از چشمه سندگان.

استان چهارمحال و بختیاری

فصل پنجم

گردشگری طبیعی و زمین

شکل ۵-۱. نمایی از لاله‌های واژگون در دامنه کوه زرآب.

۵-۱ مقدمه

استان چهارمحال و بختیاری ازنظر گردشگری طبیعت در ایران جایگاه ویژه‌ای دارد که در اینجا به اختصار توصیف خواهد شد. اگر قرار باشد در تمام کشور ایران و استان‌های آن یک استان را نام ببریم که دارای تنوع در پدیده‌های طبیعی و اقلیمی، تالاب‌های زیبا و چشم‌نواز، چشمه‌های پرآب، کوه‌های بلند و پرشیب، دره‌های پهن، ژرف و دراز، جنگل‌های پرتراکم بلوط و پدیده‌های زمین‌گردشگری خاص ازجمله کارست‌ها و همچنین طبیعت بکر باشد بی شک استان چهارمحال و بختیاری یکی از آنها خواهد بود و شاید از این دیدگاه منحصربه‌فرد باشد.

۵-۲ جاده‌های استان چهارمحال و بختیاری

عموماً جاده‌های استان چهارمحال و بختیاری کوهستانی هستند که دارای گردنه‌های زیبایی می‌باشند. جاده‌های این استان ضمن زیبایی خاص خود پیوند دهنده مرکز کشور به جنوب غرب کشور هستند. در این بخش به تعداد از آنها اشاره می‌شود.

جاده شهرکرد-مسجدسلیمان از دو مسیر قابل دسترسی است و هر دو مسیر، طبیعتی بسیار زیبا و چشم‌نواز دارند.

جاده شهرکرد-فارسان-باباحیدر-کوهرنگ-بازفت-اندیکا-مسجدسلیمان ازجمله راه‌هایی است که جاذبه‌های طبیعی فراوانی در طول آن قرار دارد و به گردشگران توصیه می‌شود از این دیدنی‌ها بازدید کنند:

- دشت لاله‌های واژگون در دامنه کوه زرآب (شکل ۵-۱)؛
- چشمه غار امیدآباد پس از باباحیدر؛
- رودخانه نالشکنان (نام آن از مفهوم ناله‌کنان به دلیل پر آبی در بهار گرفته شده است) (شکل ۵-۲).
- خروجی تونل‌های اول و دوم و سوم کوهرنگ (شکل ۵-۳)؛
- چشمه دیمه (از سرچشمه‌های زاینده‌رود)؛
- چشمه قورقوری و چشمه نصیرآباد؛
- دره کوهرنگ با زیبایی‌های خاص خود ازجمله ورودی تونل اول و تونل دوم کوهرنگ و مراتع آن.
- طبیعت سرسبز باباحیدر (شکل ۵-۴).
- دره کوهرنگ به سمت شهر بازفت (گردنه شاه منصوری)
- گردنه چری و چشمه گردو
- جنگل های پهنوس (گزستان)
- رودخانه شور-شیرین (تلاقی آب بازفت با آب شور نازی)

شکل ۵-۲. نمایی از رودخانه نالکشنان و روستای نصیرآباد (موقعیت جغرافیایی "۳۸ ´۱۹ °۵۰ طول خاوری و "۴۲ ´۲۲ °۳۲ عرض شمالی).

شکل ۵-۳. نمایی از مراتع نزدیک تونل شماره یک کوهرنگ (موقعیت جغرافیایی"۴۹ ´۰۷ °۵۰ طول خاوری و "۲۶ ´۲۷ °۳۲ عرض شمالی).

شکل ۵-۴. نمایی از طبیعت سرسبز باباحیدر (موقعیت جغرافیایی "۵۱ ´۲۹ °۵۰ طول خاوری و "۵۵ ´۱۸ °۳۲ عرض شمالی).

مسیر شهرکرد-شلمزار-سه‌راهی جونقان-تنگ درکش‌ورکش-سه‌راهی اردل-دشتک-صمصامی-بازفت و از آنجا به‌سمت اندیکا، از زیباترین مسیرهای طبیعی زاگرس است. پیش از رسیدن به تنگه، یعنی در فاصله میان سه‌راهی جونقان تا تنگ درکش‌ورکش، مناظر طبیعی چشم‌نواز و همچنین یک سنگ‌نوشته قدیمی دیده می‌شود. این ناحیه به‌طور کلی طبیعتی خاص، آب فراوان، و چشم‌اندازهای بکر دارد. پس از عبور از کاج، رستم‌آباد و دشتک، چشمه‌ها، کوه‌ها و دشت‌های زیبایی در مسیر قرار می‌گیرند که منظره‌هایی دل‌انگیز و تماشایی را ایجاد کرده‌اند. پیش از ورود به شهر صمصامی، جاده‌ای که از سمت کوهرنگ (گردنه شاه‌منصوری) می‌آید، با این مسیر ادغام می‌شود. سپس جاده از طریق گردنه صمصامی به سمت شهر بازفت ادامه می‌یابد. گردنه صمصامی بیشتر ماه‌های زمستان برف‌گیر است، اما در بهار و تابستان کاملاً سرسبز می‌شود. این گردنه در میان سه رشته‌کوه قرار گرفته و در واقع محل تلاقی زردکوه، کی‌نو و صمصامی است که چشم‌انداز بسیار باشکوهی به منطقه داده است (شکل ۵-۵ و ۵-۶)

شکل ۵-۵. نمایی از جاده شهرکرد-بازفت در نزدیکی شهر کاج (موقعیت جغرافیایی"۲۹ ´۳۲ °۵۰ طول خاوری و "۳۱ ´۰۶ °۳۲ عرض شمالی).

شکل ۵-۶. نمایی از جاده شهرکرد-بازفت در نزدیکی شهر کاج (موقعیت جغرافیایی"۵۴ ´۳۶ °۵۰ طول خاوری و "۰۸ ´۰۳ °۳۲ عرض شمالی).

بین شروع کوه میلی در جنوب و کوه صمصامی یک دره بسیار زیبا وجود دارد که پوشیده از گون می‌باشد و چاله روغنی نام دارد. پس از عبور از گردنه صمصامی به ابتدای دره زیبا و بزرگ بازفت می‌رسیم (البته قرار است این گردنه با ایجاد یک تونل از مسیر حذف شود).

جاده ناغان-ایذه با ویژگی‌های طبیعی فراوانی که دارد یکی دیگر از جاذبه‌های گردشگری طبیعت است که آن‌را می‌توان به دو مسیر تقسیم نمود.

مسیر ناغان-سرخون از گردنه باجگیران آغاز شده، به روستای دوپلان می‌رسد و سپس تا سرخون ادامه می‌یابد. این مسیر بسیار سرسبز بوده و دارای پیچ‌وخم‌ها و فراز و نشیب‌های فراوان است. سراسر این بخش پوشیده از جنگل‌های بلوط و درختان گردوی فراوان است. در ادامه، مسیر از سرخون به سمت سد کارون ۴ و شهر دهدز امتداد یافته و سپس به شهر ایذه می‌رسد. این قسمت از جاده کاملاً کوهستانی و پرپیچ‌وخم است و در پیرامون آن رودخانه کارون و چند سد و دریاچه قرار دارد. چشم‌انداز این سدها و دریاچه‌ها بسیار زیبا و تماشایی است.

مسیر باجگیران- منطقه مشایخ از این مسیر پس از گردنه باجگیران به یک دوراهی می‌رسیم که از یک مسیر به مسجدسلیمان (دوپلان و سرخون) و مسیر دیگر به روستای دورک و منطقه مشایخ می‌رسد. در منطقه مشایخ روستاهای زیادی ازجمله دورک، دره‌یاس و دره عشق قرار دارد (شکل ۵-۷ تا ۵-۹).

شکل ۵-۷. نمایی از مسیر باجگیران-منطقه مشایخ-منطقه دوپلان (موقعیت جغرافیایی "۲۵ ´۳۷ °۵۰ طول خاوری و "۲۵ ´۵۵ °۳۱ عرض شمالی).

شکل ۵-۸. نمایی از مسیر باجگیران- منطقه مشایخ- منطقه دوپلان (موقعیت جغرافیایی "۲۵ ´۳۷ °۵۰ طول خاوری و "۲۵ ´۵۵ °۳۱ عرض شمالی).

شکل ۵-۹. نمایی از مسیر باجگیران- منطقه مشایخ- منطقه دورک (موقعیت جغرافیایی "۵۸ ´۳۶ °۵۰ طول خاوری و "۱۲ ´۵۳ °۳۱ عرض شمالی).

جاده شهرکرد-بروجن-لردگان یکی از مسیرهای اصلی استان است که قبل از رسیدن به شهر آلونی و در فاصله حدود ۳۰ کیلومتری پیش از لردگان (سه‌راهی گوشکی) دو شاخه می‌شود. یکی از این شاخه‌ها به سمت یاسوج و دیگری به سمت لردگان می‌رود که در ۵ کیلومتری قبل از لردگان مجدداً دو شاخه شده و یکی به شهر لردگان و دیگری از طریق ایذه به استان خوزستان متصل می‌شود. این مسیر عمدتاً از میان مزارع کشاورزی عبور می‌کند و در فصل بهار و اوایل تابستان چشم‌اندازی زیبا و سرسبز دارد. با این حال، جاده نسبتاً شلوغ و پرترافیک است (شکل ۵-۱۰).

شکل ۵-۱۰. نمایی از جاده بروجن- لردگان، روستای وستگان (موقعیت جغرافیایی"۵۰ ´۰۹ °۵۱ طول خاوری و "۳۸ ´۴۹ °۳۱ عرض شمالی).

جاده چلگرد-آبشار شیخ علیخان در منطقه کوهرنگ واقع شده و از چلگرد به آبشار شیخ علیخان منتهی می‌شود. این مسیر از طریق فارسان یا باباحیدر منطقه کوهرنگ قابل دسترسی است و در طول مسیر، دشت مارمولکی با مناظر زیبا و چشم‌نواز قابل مشاهده می‌باشد (شکل ۵-۱۱).

شکل ۵-۱۱. نمایی از جاده چلگرد- آبشار شیخ علیخان، دشت مارمولکی (موقعیت جغرافیایی "۱۱ ´۰۵ °۵۰ طول خاوری و "۲۱ ´۲۹ °۳۲ عرض شمالی).

جاده کوهرنگ-صمصامی-بازفت از ۱۰ کیلومتری قبل از شهر کوهرنگ جدا می‌شود و از طریق گردنه شاه منصوری به شهر صمصامی می‌رسد. پس از آن، مسیر به سمت بازفت ادامه یافته و این راه کوهستانی و سرسبز، مناظری دیدنی از طبیعت بختیاری را در اختیار مسافران قرار می‌دهد (شکل ۵-۱۲).

شکل ۵-۱۲. نمایی از جاده صمصامی- بازفت (موقعیت جغرافیایی "۱۱ ´۵۰ °۵۰ طول خاوری و "۲۱ ´۲۹ °۳۲ عرض شمالی).

۵-۳ منابع آبی استان چهارمحال و بختیاری

همانگونه که گفته شد استان چهارمحال و بختیاری یک استان کوهستانی است که حدود ۸۰ درصد از وسعت استان را کوهستان تشکیل می‌دهد. این استان بیشترین سهم در تامین منابع آب شیرین کشور را دارد. چندین رودخانه و تالاب همراه با چشمه‌های بسیاری در این استان وجود دارد.

۵-۳-۱ تالاب‌های استان چهارمحال و بختیاری

در استان چندین تالاب زیبا وجود دارد که ازجمله آنها می‌توان به موارد زیر اشاره نمود:

تالاب گندمان در جنوب باختری شهر گندمان در شهرستان بروجن با فاصله ۲۵ کیلومتر قرار گرفته است. وسعت این تالاب در حدود ۹/۷ کیلومتر مربع می‌باشد. آب این تالاب از چشمه‌های اطراف و رودخانه آق‌بلاغ گرفته شده است. این تالاب یکی از تالاب‌های بسیار زیبای شهرستان بروجن است که پرندگانی ازجمله لک‌لک، حواصیل، مرغابی و ... در آن زندگی می‌کنند. راه دسترسی به این تالاب از مسیر جاده گندمان- حسین‌آباد است که در فاصله ۶ کیلومتری باختری شهر گندمان قرار دارد و از آنجا از جاده خاکی به سمت جنوب به تالاب می‌رسد. مسیر دیگری از جنوب شهر گندمان از طریق جاده خاکی به تالاب می‌رسد. در کنار این تالاب امکانات تفریحی تهیه شده است (شکل ۵-۱۳).

شکل ۵-۱۳. نمایی از کوه کلار و در زیر آن نمایی از تالاب گندمان شهرستان بروجن.

تالاب چغاخور در شهرستان بروجن و جنوب شهر گهرو در مسیر جاده شهرکرد- خوزستان قرار گرفته است و حدود ۱۳ کیلومتر مربع وسعت دارد. تالاب چغاخور در بین روستاهای گلوگرد، خدرآباد، خانی‌آباد، دستگرد، سیبک و زوردگان محصور شده است. این تالاب از شمال باختری به شهر شلمزار، از باختر به شهر ناغان و از خاور به بلداجی می‌رسد. مسیرهای دسترسی به آن علاوه بر جاده شهرکرد نیز از جاده گندمان-بلداجی می‌باشد. این تالاب هر ساله پذیرای انواع پرندگان مهاجر از قبیل مرغابی، حواصیل، لک‌لک و درنا است (شکل ۵-۱۴ تا ۵-۱۶).

شکل ۵-۱۴. نمایی از تالاب چغاخور، بروجن (موقعیت جغرافیایی "۵۸ ´۵۵ °۵۰ طول خاوری و ۲۴ ´۵۵ °۳۱ عرض شمالی).

شکل ۵-۱۵. نمایی از تالاب چغاخور و انعکاس سبزه کوه در آن شهرستان بروجن، (مینا رضازاده).

شکل ۵-۱۶. نمایی از کرانه غرب و شمالی تالاب چغاخور شهرستان بروجن، (مینا رضازاده).

۶ تالاب باختری و خاوری سولگان در بخش باختری تالاب چغاخور در شهرستان کیار به ترتیب با مسافت حدود ۷ و ۱۳ کیلومتری در جنوب جاده شلمزار- ناغان قرار دارد. وسعت تالاب خاوری در حدود ۲ کیلومترمربع و وسعت تالاب باختری حدود ۱/۵ کیلومترمربع می‌باشد. این تالاب‌ها میزبان پرندگان بسیاری است و مناظر زیبایی را برای گردشگران ایجاد می‌کنند (شکل ۵-۱۷ و ۵-۱۸).

شکل ۵-۱۷. شکل بالا: تالاب خاوری سولگان، کیار (موقعیت جغرافیایی "۰۹ ´۴۶ °۵۰ طول خاوری و "۲۲ ´۵۸ °۳۱ عرض شمالی)، شکل پایین: تالاب باختری سولگان (موقعیت جغرافیایی"۱۷ ´۴۹ °۵۰ طول خاوری و "۰۷ ´۵۸ °۳۱ عرض شمالی).

شکل ۵-۱۸. تالاب سولگان شهرستان بروجن، (مینا رضازاده).

تالاب های چال‌تر و چال خشک در بین تالاب‌های گندمان و چغاخور قرار گرفته است. مسیر دستیابی به این تالاب از طریق جاده سناجان می‌باشد. متأسفانه در اطراف این تالاب زیبا امکانات رفاهی وجود ندارد و وسعت بسیار کمی دارد. تالاب چال‌تر در تمامی فصول دارای آب نیست. در مجاورتاین تالاب، تالاب چال خشک واقع شده که در در اغلب ماه های سال خشک می باشد.

۵-۳-۲ چشمه‌های استان چهارمحال و بختیاری

استان چهارمحال و بختیاری به دارا بودن چشمه‌های فراوان شهرت دارد. همان‌طور که پیش‌تر اشاره شد این استان یکی از پرآب‌ترین استان‌های کشور محسوب می‌شود. بر پایه برخی نوشته‌ها تعداد چشمه‌های این استان به ۱۴۰ چشمه می‌رسد. چشمه‌های پرآب اغلب کارستی هستند و پس از آب شدن برف در ارتفاعات پرآب می‌شوند. در تابستان و اوایل پاییز از مقدار آب آنها کاسته می‌شود. برخی از این چشمه‌ها عبارت‌اند از:

چشمه برم در مرکز شهر لردگان قرار دارد. اطراف این چشمه محوطه‌سازی شده و یکی از مراکز تفریحی و گردشگری شهرستان لردگان به شمار می‌رود (شکل ۵-۱۹ و ۵-۲۰).

شکل ۵-۱۹. نمایی از چشمه برم، لردگان (موقعیت جغرافیایی "۳۱ ´۴۹ °۵۰ طول خاوری و"۳۴ ´۳۰ °۳۱ عرض شمالی).

شکل ۵-۲۰. نمایی از چشمه برم، لردگان (موقعیت جغرافیایی "۳۱ ´۴۹ °۵۰ طول خاوری و"۳۴ ´۳۰ °۳۱ عرض شمالی).

چشمه علی در روستای امام قیس در شهرستان بروجن در مسیر جاده گندمان- لردگان و در فاصله ۲۸ کیلومتری جنوب خاوری شهر گندمان قرار دارد. چشمه علی امام قیس در کنار امامزاده قیس قرار گرفته و محل اتراق بسیاری از مسافران است.

چشمه سندگان در شهرستان لردگان و بخش فلارد در فاصله ۸۳ کیلومتری جنوب خاوری شهر لردگان واقع شده است. چشمه سندگان در مسیر جاده شهرکرد-خوزستان قرار دارد و گردشگران و مسافران از آب چشمه و مناظر رودخانه آن بهره می‌گیرند (شکل ۵-۲۱).

شکل ۵-۲۱. مظهر چشمه سندگان در شهرستان فلارد.

چشمه گلوگرد در شهرستان بروجن در روستای گلوگرد قرار دارد. روستای گلوگرد در بخش باختری تالاب چغاخور واقع شده است. آب چشمه گلوگرد علاوه بر آبادانی روستا و آبیاری مزارع در نهایت به تالاب وارد می‌شود.

چشمه سیاه‌سرد در ارتفاعات کوه سیاه‌سرد در فاصله حدود ۶ کیلومتری جنوب شهر بروجن قرار دارد. این چشمه پرآب به دلیل نزدیکی به شهر بروجن و قرارگرفتن در مسیر ارتباطی بروجن-لردگان-خوزستان علاوه بر جذب گردشگران، استراحتگاه مسافران می‌باشد.

چشمه دیمه در روستای دیمه در شهرستان کوهرنگ و در فاصله ۱۲ کیلومتری شمال خاوری شهر چلگرد قرار دارد. در نزدیکی این چشمه امکانات رفاهی ایجاد شده و به عنوان یک تفرجگاه مردم را به خود جذب می‌کند. چشمه دیمه از مهم‌ترین چشمه‌های تأمین کننده آب زاینده‌رود

است. این چشمه دارای پیرامون زیبا و سرسبز است. مردم این روستا اعتقاد دارند آب این چشمه خواص درمانی دارد و علاوه بر آن از آب گوارای این چشمه آب معدنی تهیه می‌شود (شکل ۵-۲۲ تا ۵-۲۴).

شکل ۵-۲۲. نمایی از چشمه دیمه، کوهرنگ (موقعیت جغرافیایی "۵۴ ´۱۲ °۵۰ طول خاوری و"۰۲ ´۳۰ °۳۲ عرض شمالی).

شکل ۵-۲۳. نمایی از چشمه دیمه، کوهرنگ (موقعیت جغرافیایی "۵۴ ´۱۲ °۵۰ طول خاوری و "۰۲ ´۳۰ °۳۲ عرض شمالی).

شکل ۵-۲۴. نمایی از گردشگاه چشمه دیمه، کوهرنگ.

چشمه دزدان (صمصامی) در بخش خاوری روستای صمصامی در شهرستان کوهرنگ قرار گرفته است. مسیر دستیابی به آن از دو مسیر می‌باشد. مسیر اول از شهر چلگرد به سمت جنوب که پس از گذراندن روستاهای بیدامین، شهریاری و کوفی به آن می‌رسد. مسیر دوم از شهر دشتک امکان‌پذیر است که پس از عبور از دشتک به شهر صمصامی می‌رسد (شکل ۵-۲۵ و ۵-۲۶).

شکل ۵-۲۵. نمایی از چشمه دزدان (صمصامی)، کوهرنگ (موقعیت جغرافیایی "۱۵ ´۱۵ °۵۰ طول خاوری و "۳۳ ´۰۹ °۳۲ عرض شمالی).

شکل ۵-۲۶. نمایی از چشمه دزداران (صمصامی)، کوهرنگ (موقعیت جغرافیایی "۱۵ ´۱۵ °۵۰ طول خاوری و "۳۳ ´۰۹ °۳۲ عرض شمالی).

چشمه مورز در روستای مورز در فاصله ۷ کیلومتری جنوب خاوری شهر بازفت در شهرستان کوهرنگ قرار دارد. آب چشمه مورز وارد رودخانه بازفت می‌شود و می‌توان از طبیعت ساخته شده در حاشیه رودخانه بازفت بهره برد.

چشمه مولا آلیکوه در روستای آلیکوه شهرستان اردل با فاصله ۳۱ کیلومتری در شمال باختری شهر اردل قرار گرفته است. مسیر دستیابی به این چشمه از شهر دشتک می‌باشد. در اطراف این چشمه امکانات رفاهی وجود دارد و یکی از تفرجگاه‌های اهالی شهرستان اردل می‌باشد.

چشمه سرداب رستم‌آباد در شهرستان اردل در روستای رستم‌آباد قرار دارد. آب این چشمه بسیار سرد است و مکان مناسبی برای پرورش ماهی قزل‌آلا می‌باشد. در اطراف این چشمه حوضچه‌های پرورش ماهی به فراوانی دیده می‌شود. این چشمه در نزدیکی چشمه مولا آلیکوه قرار دارد و فاصله این دو چشمه از شهرکرد حدود ۱۲۰ کیلومتر می‌باشد.

چشمه شلیل در روستای شلیل در بخش جنوبی شهرستان اردل قرار دارد. برای دستیابی به

این چشمه از جاده اصلی شهر اردل به مسافت ۹۵ کیلومتر به سمت جنوب حرکت کرده و از روستای سرخون از سمت راست از طریق جاده فرعی وارد روستای شلیل می‌شویم. آب این چشمه به سد کارون ۴ وارد می‌شود.

چشمه کوهرنگ با آب بسیار زیاد از دامنه‌های زردکوه سرچشمه می‌گیرد و پس از گذر از پیچ و خم‌های فراوان به دریاچه سد کوهرنگ می‌ریزد و از تونل اول وارد حوضه زاینده‌رود می‌گردد.

در منطقه کوهرنگ چشمه‌های بسیاری وجود دارد که اغلب کارستی هستند. برخی از آنها فصلی و برخی دائمی می‌باشند. از این چشمه‌ها می‌توان چشمه‌های کارستی مانند نصیرآباد، مروارید و ... را نام برد. این چشمه‌ها در دامنه شمالی و جنوبی کوه زرآب یا در دامنه شمالی کوه زردکوه قرار دارند.

چشمه پیرغار با آب گوارای خود در روستای ده چشمه شهرستان فارسان قرار دارد که آب این چشمه به نام رود یتیم در روستای ده چشمه جریان دارد و در ادامه به روستاهای گوشه و چغا هست می‌رود. در حاشیه این رود درخت کاری با گونه صنوبر بسیار رواج دارد که مناظر زیبائی را بوجود آورده است (شکل ۵-۲۷).

شکل ۵-۲۷. نمایی از چشمه پیرغار، (موقعیت جغرافیایی ″۳۸ ′۳۲ °۵۰ طول خاوری و ″۰۲ ′۱۳ °۳۲ عرض شمالی).

۵-۳-۳ آبشارهای استان چهارمحال و بختیاری

وجود رشته‌کوه‌های زاگرس مرتفع و بارش نسبتاً مناسب در استان چهارمحال و بختیاری سبب به وجود آمدن آبشارهای فراوانی شده است. برخی از این آبشارها عبارت‌اند از:

آبشار و تونل کوهرنگ در زمان شاه‌عباس صفوی به پیشنهاد شیخ‌بهایی برای انتقال آب آبشار کوهرنگ و چشمه‌های اطراف به شهر چلگرد و زاینده‌رود طراحی شد. کارکنان برای ایجاد شکافی در کوه تلاش کردند که آثار آن هنوز بر روی کوه قابل مشاهده است. در دوره پهلوی دوم و در سال ۱۳۲۲ خورشیدی، از سرازیر شدن آب تونل، آبشاری بسیار زیبا شکل گرفت و از آن زمان تاکنون این منطقه به عنوان یکی از جاذبه‌های گردشگری بختیاری شناخته می‌شود (شکل ۵-۲۸).

شکل ۵-۲۸. نمایی از آبشار و تونل کوهرنگ (موقعیت جغرافیایی "۴۹ ´۰۷ °۵۰ طول خاوری و "۲۶ ´۲۷ °۳۲ عرض شمالی).

آبشار شیخ علیخان در فاصله حدود ۶ کیلومتری شمال باختری شهر چلگرد قرار دارد. آبشار شیخ علیخان یکی از پرآب‌ترین و زیباترین آبشارها در شهرستان کوهرنگ است. آب این آبشار در فصل زمستان یخ می‌زند. مسیر دسترسی آن از شهر چلگرد می‌باشد (شکل ۵-۲۹).

شکل ۵-۲۹. نمایی از آبشار شیخ علیخان، کوهرنگ (موقعیت جغرافیایی "۰۴ ´۰۴ °۵۰ طول خاوری و "۱۳ ´۳۰ °۳۲ عرض شمالی).

آبشار دره عشق در منطقه مشایخ شهرستان کیار در مجاورت روستای دره عشق و در فاصله ۱۳۰ کیلومتری شهرکرد قرار دارد. این آبشار با سرعت زیاد از دل کوه بیرون می‌ریزد (شکل ۵-۳۰ و ۵-۳۱).

شکل ۵-۳۰. نمایی از آبشار دره عشق، کیار (موقعیت جغرافیایی "۵۰ ´۴۶ °۵۰ طول خاوری و "۰۶ ´۴۶ °۳۱ عرض شمالی).

شکل ۵-۳۱. نمایی از چشمه تراورتن ساز تاپ‌تاپان آذرشهر، (منیژه اسدپور).

آبشار علیا در فاصله حدود ۵ کیلومتری آبشار دره عشق است. این آبشار یکی از زیباترین آبشارهای شهرستان کیار می‌باشد که پیرامون آن باغ‌های انار و طبیعت سبزی دارد (شکل ۵-۳۲ و ۵-۳۳).

شکل ۵-۳۲. نمایی از آبشار علیا در دره مشایخ، کیار (موقعیت جغرافیایی"۱۲ ´۴۹ °۵۰ طول خاوری و "۲۷ ´۴۵ °۳۱ عرض شمالی).

شکل ۵-۳۳. نمایی از باغ‌های انار پیرامون آبشار علیا در دره مشایخ، کیار.

آبشار آتشگاه در بخش جنوبی شهرستان لردگان در روستای آبشارگاه در فاصله ۴۰ کیلومتری لردگان و ۱۹۰ کیلومتری شهرکرد قرار دارد. این آبشار در دره‌ای زیبا و محلی بکر در میان سنگ‌های آهکی و گچی و درختان کهنسال گردو و چنار قرار گرفته است. مسیر دستیابی به این آبشار از شهر لردگان به سمت جنوب باختری می‌باشد و پس از عبور از روستاهای میلاس، حسین‌آباد و سردشت باید جاده خاکی را تا روستای شوش طی نمود تا به روستای آتشگاه رسید. این آبشار در مسیر رودخانه خرسان قرار دارد.

آبشار زردلیمه در دره‌ای طویل در منطقه دیناران قرار گرفته است. این آبشار یکی از سرچشمه‌های رودخانه کارون است که با اضافه شدن به آب بازفت مناظر زیبایی ایجاد می‌کند. برای رسیدن به این آبشار ۸ ساعت پیاده‌روی لازم است (شکل ۵-۳۴ و ۵-۳۵).

شکل ۵-۳۴. نمایی از آبشار زرده لیمه.

شکل ۵-۳۵. آبشار فصلی تنگ بابا فرج روستای بابا احمدی شهرستان فلارد.

۵-۳-۴ رودخانه‌های استان چهارمحال و بختیاری

همان‌طور که اشاره شد استان چهارمحال و بختیاری دارای آب فراوان در تمام نقاط استان است. این فراوانی از چشمه‌های پرآب، آب‌های حاصل از ذوب برف‌ها و بارش‌ها، آب‌های زیرزمینی و رودخانه‌های جاری شده می‌باشد. در ادامه به توصیف برخی از این رودخانه‌ها می‌پردازیم.

رودخانه زاینده‌رود بزرگترین رودخانه دائمی مرکز ایران است؛ که از استان چهارمحال و بختیاری سرچشمه گرفته و به باتلاق گاوخونی در مرکز ایران و شرق اصفهان می‌ریزد. سرچشمه اصلی زاینده‌رود دامنه‌های شمالی ارتفاعات زردکوه و دامنه شمالی کوه زرآب می‌باشد که از چشمه‌های نصیرآباد، چشمه نالشکنان، چشمه قوقوری، بخصوص چشمه دیمه و چشمه غلام‌آباد، تونل‌های ۱، ۲، ۳ که آب کوهرنگ را منتقل می‌کند سرچشمه می‌گیرد؛ بنابراین آب این چشمه‌ها پس از گذشتن از تونل کوهرنگ و عبور از استان چهارمحال و بختیاری به شهر اصفهان وارد می‌شود (شکل ۵-۳۶ و ۵-۳۷).

شکل ۵-۳۶. رودخانه زاینده رود و باغات حاشیه آن شهرستان سامان.

شکل ۵-۳۷. پل معلق گپ گز در روستای گرمدره بر روی رودخانه زاینده رود شهرستان سامان.

رودخانه کارون بلندترین رودخانه ایران است. یکی از سرچشمه‌های رودخانه کارون، دره‌های کوهرنگ، بازفت و مشایخ است که پس از جاری شدن رودخانه بازفت، «دوآب» نام می‌گیرد. رودخانه کارون پس از پیوستن با رودخانه‌های دیگر و آبیاری در طول مسیر و ساختن طبیعت بسیار زیبا وارد استان خوزستان می‌شود. در مسیر رودخانه کارون چندین سد احداث شده است که سد کارون ۴ در استان چهارمحال و بختیاری و مابقی در استان خوزستان قرار دارند.

رودخانه دز از کوه‌های الیگودرز مثل اشترانکوه سرچشمه می‌گیرد و در نهایت در خرمشهر دو شاخه می‌شود. شاخه باختری به سمت عراق می‌رود و شاخه‌های خاوری که به نام رودخانه بهمن‌شیر و رودخانه اروندرود است وارد خلیج فارس می‌گردد. اگرچه این رودخانه بیشتر در استان خوزستان جریان دارد، ولی به دلیل سرچشمه گرفتن بخشی از این رودخانه از استان چهارمحال و بختیاری در این بخش توضیف شد (شکل ۵-۳۸ و ۵-۳۹).

شکل ۵-۳۸. پل معلق گپ گز در روستای گرمدره بر روی رودخانه زاینده رود شهرستان سامان.

شکل ۵-۳۹. نمایی از آب بازفت و طبیعت زیبای این استان.

رودخانه آب ونک از استان اصفهان سرچشمه می‌گیرد و وارد استان چهارمحال و بختیاری می‌شود و پس از عبور از جنوب روستای سرپیر به ارتفاعات هزاردره رسیده و در نهایت به رودخانه کارون می‌پیوندد.

رودخانه خرسان از شهرستان یاسوج سرچشمه می‌گیرد و پس از عبور از شهرهای مرزی استان چهارمحال و بختیاری و استان چهارمحال و بختیاری به رودخانه کارون می‌پیوندد (شکل ۵-۴۰).

شکل ۵-۴۰. نمایی از دریاچه و پل قوسی سد کارون.

۵-۴ کوه‌های استان چهارمحال و بختیاری

پیش‌تر اشاره شد که در حدود ۸۰ درصد از وسعت استان چهارمحال و بختیاری را کوهستان تشکیل داده است و فقط ۲۰ درصد از آن شامل دشت و دامنه دشت مانند است. تقریباً تمام کوه‌های استان بخشی از رشته کوه اصلی زاگرس می‌باشد. البته بخش‌های کوچکی از کوه‌های استان ازجمله کوه‌های ناحیه سامان در گروه رشته کوه‌های زاگرس قرار نمی‌گیرند. شکل ۵-۴۱ تا ۵-۴۴ نمایی از کوه‌های این استان را نشان می‌دهد.

شکل ۵-۴۱. نمایی از کوه زردکوه قله شاه شهیدان (موقعیت جغرافیایی "۴۶ ´۳۱ °۵۰ طول خاوری و "۳۰ ´۲۵ °۳۲ عرض شمالی).

شکل ۵-۴۲. نمایی از بخش شمالی کوه زردکوه از چشمه دیمه کوه زردکوه، قله شاه شهیدان (موقعیت جغرافیایی "۵۴ ´۱۲ °۵۰ طول خاوری و "۰۲ ´۳۰ °۳۲ عرض شمالی).

بلندترین قله آن زردکوه به ارتفاع ۴۲۲۱ متر می‌باشد که در شهرستان کوهرنگ و در موقعیت جغرافیایی "۳۹ ´۰۶ °۵۰ طول خاوری و "۴۳ ´۱۹ °۳۲ عرض شمالی قرار گرفته است. رشته‌کوه‌های این استان در سه ردیف قرار گرفته‌اند.

ردیف جنوبی از شمال باختری به جنوب خاوری به ترتیب کوه‌های کی‌نو در مرز استان چهارمحال با خوزستان به ارتفاع ۳۵۱۲ متر، کوه میلی به ارتفاع ۳۹۰۳ متر در جنوب باختری صمصامی، کوه گره و سبز کوه به ارتفاع ۳۹۵۰ متر، کوه هفت‌چشمه به ارتفاع ۳۹۷۲ متر و کوه ریگ به ارتفاع ۳۶۶۱ متر.

ردیف میانی از شمال باختری به جنوب خاوری به ترتیب کوه زردکوه، کوه لجن به ارتفاع ۳۴۷۹ متر و کوه کلار به ارتفاع ۲۹۷۲ متر. در بین رشته‌کوه زاگرس و کوه کی‌نو دره بازفت واقع شده است.

ردیف شمالی کوه کوبوش به ارتفاع ۳۹۷۴ متر، کوه زرآب به ارتفاع ۳۶۲۵ متر، کوه سالداران به ارتفاع ۳۶۲۱ متر، کوه کلار به ارتفاع ۳۸۳۲ متر، کوه هزاردره به ارتفاع ۳۸۶۲ متر و کوه چرو به ارتفاع ۳۶۳۵ متر می‌باشد. در بین کوه زرآب و کوه زردکوه دره کوهرنگ واقع شده است.

از دیگر کوه‌های این استان کوه قراول‌خانه به ارتفاع ۲۶۸۲ متر و کوه بیدکان به ارتفاع ۲۶۰۸ متر در شهرکرد را می‌توان نام برد.

شکل ۵-۴۳. نمایی از کوه میلی (موقعیت جغرافیایی "۵۲ ´۱۶ °۵۰ طول خاوری و "۰۷ ´۱۲ °۳۲ عرض شمالی).

شکل ۵-۴۴. کوه ریگ شهرستان لردگان.

۵-۵ دره‌های استان چهارمحال و بختیاری

در استان چهارمحال و بختیاری به دلیل واقع شدن در قسمت‌های زاگرس مرتفع بخصوص بخش بختیاری چندین دره اصلی وجود دارد که دره‌های کوچک بر آنها عمود می‌شوند. معروف‌ترین این دره‌ها عبارت‌اند از:

دره کوهرنگ در شمال رشته‌کوه زردکوه و جنوب کوه زرآب واقع است. در این دره یکی از شاخه‌های بزرگ رودخانه کارون قرار دارد و چندین چشمه به آن می‌ریزد. در این منطقه چندین روستا قرار دارد که میزبان کوچ‌نشین‌ها می‌باشد که در فصل‌های گرم از پیرامون این روستاها جهت چراگاه‌های طبیعی استفاده می‌کنند. هرچند این ایل‌نشین‌ها اغلب دائمی شدند.

دره بازفت در جنوب رشته‌کوه زردکوه و شمال کوه‌های کی‌نو جای دارد و از گردنه اندیکا تا گردنه صمصامی امتداد می‌یابد. این دره بسیار زیبا و پرآب است. دره بزرگ بازفت دره‌ای است که دره‌های کوچک دیگر که اغلب در بهار و اوایل تابستان پرآب هستند بدان می‌پیوندند و بسیار زیبا و دارای آب‌وهوای مطبوع است. در نزدیکی روستاهای حسین‌آباد و قبل از شهر بازفت دو رودخانه کوچک وجود دارد که یکی به علت اینکه از کنار گنبد نمکی عبور می‌کند آب آن شور است (آب نازی) و دیگری دارای آب شیرین است. این دو رودخانه زمانی که به هم می‌رسند تا فاصله‌ای آب آنها با یکدیگر مخلوط نمی‌شوند و به علت چگالی متفاوت به دو رنگ نمایان‌اند (شکل ۵-۴۵).

شکل ۵-۴۵. نمایی از دره بازفت (موقعیت جغرافیایی "۲۸ ´۱۰ °۵۰ طول خاوری و"۶۰ ´۰۹ °۳۲ عرض شمالی).

هر چند بازفت (چمن‌گلی و شهر بازفت) هنوز امکانات خوب اقامتی ندارد اما گردشگران می‌توانند حداقل یک شب در آنجا اتراق نمایند و از طبیعت آن لذت ببرند. همچنین در حین گذر از بخش بازفت که بین رشته‌کوه زردکوه در شمال و کوه کی‌نو (مرز خوزستان- چهارمحال و بختیاری) در جنوب قرار دارد، ویژگی‌های بسیار زیبای طبیعی دیده می‌شود و در نهایت به استان خوزستان می‌رسد.

دره مشایخ یکی از زیباترین دره‌های ایران است و می‌توان گفت که مشابهی در ایران ندارد. دره‌ای ژرف است که در دو طرف کوه‌های بلند و سربه آسمان کشیده که رودخانه کارون در آن جریان دارد و در مسیر آن دره‌های کوچک‌تر بر آن عمود می‌شوند و دارای آبشارهای فراوانی ازجمله آبشار دره عشق، آبشار دره یاس، آبشار شمالی دره یاس (در مسیر کوهنوردی)، آبشار سفلی (دره سرخون قدیم) می‌باشد. در حقیقت می‌توان گفت هر کدام از دره‌های موجود در دره مشایخ دارای آبشار و طبیعت زیبا هستند. در این دره درختان انار زیاد دیده می‌شود و رودخانه کارون پیچ و تاب خوران جریان دارد و دارای امکانات تفرجگاهی و قایقرانی است (شکل ۵-۴۶ تا ۵-۴۹).

شکل ۵-۴۶. نمایی از دره مشایخ (موقعیت جغرافیایی "۰۶ ´۴۶ °۵۰ طول خاوری و"۱۵ ´۴۶ °۳۱ عرض شمالی).

شکل ۵-۴۷. نمایی از درختان انار دره مشایخ (موقعیت جغرافیایی "۲۵ ´۴۴ °۵۰ طول خاوری و "۵۵ ´۴۶ °۳۱ عرض شمالی).

شکل ۵-۴۸. نمایی از درختان انار دره مشایخ (موقعیت جغرافیایی "۲۵ ´۴۴ °۵۰ طول خاوری و "۵۵ ´۴۶ °۳۱ عرض شمالی).

شکل ۵-۴۹. نمایی از درختان انار دره مشایخ (موقعیت جغرافیایی "۲۵ ´۴۴ °۵۰ طول خاوری و "۵۵ ´۴۶ °۳۱ عرض شمالی).

دره چاله روغنی در مقایسه با دیگر دره‌ها از وسعت و بزرگی کمی برخوردار است ولی دره زیبایی است که بین کوه‌های صمصامی و میلی قرار گرفته است. این دره پوشیده از گیاه گون است (شکل ۵-۵۰).

شکل ۵-۵۰. نمایی از دره چاله روغنی (موقعیت جغرافیایی "۱۷ ´۱۱ °۵۰ طول خاوری و"۴۰ ´۱۰ °۳۲ عرض شمالی).

تنگه بهشت‌آباد در شهرستان اردل قرار گرفته است و دارای آبشارها و رودخانه‌های زیبایی است (شکل ۵-۵۱).

شکل ۵-۵۱. نمایی از تنگه بهشت‌آباد، اردل (موقعیت جغرافیایی "۴۶ ´۳۷ °۵۰ طول خاوریو "۵۱ ´۰۱ °۳۲ عرض شمالی).

تنگه شیخ بهایی در نزدیکی دره کوهرنگ قرار دارد. این مکان یکی از تنگه‌های زیبای شهرستان کوهرنگ به شمار می‌رود (شکل ۵-۵۲).

شکل ۵-۵۲. نمایی از تنگه شیخ بهایی، کوهرنگ.

تنگه درکش ورکش بسیار دیدنی است و در مسیر خود رودخانه‌ای فصلی دارد. در پیرامون تنگه درکش ورکش طبیعت بسیار زیبایی وجود دارد و یکی از مناطق گردشگری استان به شمار می‌رود. نام این تنگه با توجه به ناامنی‌ای که در گذشته در آن وجود داشته اقتباس شده است و به این معنی بوده که «کفش خود را برکش و محکم ببند و فرار کن».

۵-۶ پدیده‌های زمین‌شناسی استان چهارمحال و بختیاری

در استان چهارمحال و بختیاری چندین چشمه کارستی بزرگ وجود دارد که ازنظر زمین‌گردشگری قابل توجه‌اند. برخی از مهم‌ترین این چشمه‌ها عبارت‌اند از: چشمه کوهرنگ، چشمه پیرغار در ده‌چشمه، چشمه سراب در باباحیدر، چشمه قورقوری در دشت زرآب که رودخانه نالشکنان از آن سرچشمه می‌گیرد. همچنین چشمه دشت زرآب که در جنوب‌باختر روستای نصیرآباد قرار دارد، و چشمه مورز نیز از دیگر چشمه‌های مهم این استان به شمار می‌آیند.

پدیده‌های کارستی در استان چهارمحال و بختیاری به‌ویژه در دره کوهرنگ و کوه زرآب جلوه‌های فراوانی دارند و اشکال مختلفی مانند پولیه، پولژه، پونور و شفت در آن‌ها مشاهده می‌شود. از میان این پدیده‌ها، پولیه لاغَرک در ارتفاعات کوه زرآب و منطقه باباحیدر از نمونه‌های برجسته و شاخص به‌شمار می‌آید.

تنگه نمکی آلیکوه در شمال روستای آلیکوه واقع شده و در دل خود گنبدی نمکی با ساختاری دیدنی و چشم‌نواز را جای داده است؛ گنبدی که به‌عنوان یکی از جلوه‌های خاص زمین‌شناسی منطقه، زیبایی طبیعی این تنگه را دوچندان می‌کند (شکل ۵-۵۳).

شکل ۵-۵۳. نمایی از تنگه نمکی آلیکوه (موقعیت جغرافیایی "۱۵ ´۳۲ °۵۰ طول خاوری و "۳۲ ´۰۶ °۴۷ عرض شمالی).

شکل ۵-۵۴. نمایی از تلاقی آب شور و شیرین (آب بازفت و آب شور نازی) بازفت شهرستان کوهرنگ.

۵-۷ غارهای استان چهارمحال و بختیاری

غار یخی چما در ارتفاعات کوهرنگ و در شمال‌باختری شهر چلگرد، نزدیک روستای شیخ‌علی‌خان قرار دارد. این غار با دهانه‌ای گسترده و جریان آبی که از کف آن عبور می‌کند، یکی از پدیده‌های کم‌نظیر طبیعی استان به‌شمار می‌رود. دیواره‌های غار در بیشتر فصل‌های سال پوشیده از قندیل‌های یخی است و منظره‌ای چشمگیر و منحصربه‌فرد پدید می‌آورد. آبی که از این غار سرچشمه می‌گیرد، پس از خروج وارد تونل کوهرنگ شده و مسیر خود را در دل کوه ادامه می‌دهد. ویژگی‌های طبیعی و ساختاری این غار، آن را به یکی از مقاصد مورد توجه کوهنوردان و غارشناسان تبدیل کرده است.

غار سراب باباحیدر نیز در ۲۲ کیلومتری شمال‌باختری شهر فارسان و در روستای امیدآباد قرار دارد. دسترسی و بازدید از این غار تنها با تجهیزات تخصصی غارنوردی امکان‌پذیر است و به‌همین دلیل، بیشتر مورد علاقه پژوهشگران و غارنوردان حرفه‌ای است.

غار سیدعیسی در ۱۰ کیلومتری بخش باختری شهر فارسان قرار دارد و مسیر دسترسی به آن از طریق جاده‌ی خاکی روستای بیدکل امکان‌پذیر است. این غار ساختاری دوطبقه دارد و نام آن را به احترام یکی از علمای دوران حکومت پسر بزرگ ناصرالدین‌شاه قاجار، یعنی سید عیسی، بر آن نهاده‌اند.

منابع:

۱. اداره‌کل میراث فرهنگی چهارمحال و بختیاری (۱۳۹۴) گزارش تعیین حریم و لایه‌نگاری تپه بردنکان، شهرستان فارسان.

۲. اداره‌کل میراث فرهنگی، صنایع دستی و گردشگری چهارمحال و بختیاری (۱۳۹۵–۱۳۹۹) گزارش‌های باستان‌شناسی و شناسایی محوطه‌های پیش از تاریخ و تاریخی در استان چهارمحال و بختیاری.

۳. اطلس گیتاشناسی استان‌های ایران (۱۳۹۳). چ ۲، موسسه جغرافیایی و کارتوگرافی گیتا شناسی، تهران.

۴. امیدیان، احمد (۱۳۸۴) تاریخ و فرهنگ بختیاری، انتشارات آراز، تهران.

۵. آهنجیده، اسفندیار (۱۳۸۴) تاریخ و تمدن چهارمحال و بختیاری، انتشارات مؤلف، شهرکرد.

۶. بیات، عزیزا... (۱۳۶۷). کلیات جغرافیایی طبیعی و تاریخی ایران، موسسه انتشارات امیرکبیر، تهران.

۷. پوره، کاظم (۱۳۸۱) موسیقی و ترانه‌های بختیاری، انتشارات انتشارات آنزان، تهران.

۸. چوبینه، مهدی (بی‌تا) استان چهارمحال و بختیاری، انتشارات محراب قلم، تهران.

۹. خسروی، عبدالعلی (۱۳۸۴) بختیاری در جلوه‌گاه فرهنگ، انتشارات شهسواری، اصفهان.

۱۰. زاگارل، آلن (۱۳۸۷) باستان‌شناسی پیش از تاریخ منطقه بختیاری: ظهور شیوه زندگی در ارتفاعات، ترجمه کوروش روستایی، سازمان میراث فرهنگی، صنایع دستی و گردشگری استان چهارمحال و بختیاری.

۱۱. زمان‌زاده دربان، م. و جولایی تهرانی، م. (۱۳۹۹) ماجراجو در چهارمحال و بختیاری، انتشارات شکیب، تهران.

۱۲. سرلک، رضا (۱۳۸۱) واژه‌نامه گویش بختیاری چهارلنگ، انتشارات فرهنگستان زبان و ادب فارسی؛ آثار، تهران.

۱۳. سرلک، رضا (۱۳۸۵) آداب و رسوم و فرهنگ عامه ایل بختیاری چهارلنگ، انتشارات، طهوری، تهران.

۱۴. صفی‌نژاد، جواد (۱۳۸۱) لرهای ایران (لربزرگ، لُرکوچک)، انتشارات آتیه، تهران.

۱۵. فاضلی‌نیا، رضا (۱۳۹۲) نقش زاگرس مرکزی در شکل‌گیری جوامع ایلامی، فصلنامه مطالعات باستان‌شناسی ایران، ۲(۴)،صفحه ۶۵-۹۴.

۱۶. فتاحی، قاسم (۱۳۸۳) چهارمحال و بختیاری در عهد افشاریه (۱۱۰۱-۱۱۲۸ خورشیدی)، انتشارات سامان دانش، چهارمحال و بختیاری.

۱۷. قربانی،منصور، صالحی یزدی، مژگان (۱۳۹۷). ایران‌شناسی با نگرشی بر گردشگری شهری، طبیعت‌گردی و زمین گردش‌گری جنوب باختری ایران، جلد ۶، انتشارات آرین زمین، تهران.

۱۸. قنبری عدیوی، عباس (۱۳۹۸) لطیفه و طنز در فرهنگ مردم بختیاری، انتشارات نیوشه، چهارمحال بختیاری.

۱۹. قنبری عدیوی، عباس (۱۳۹۸) نوروز در فرهنگ بختیاری، انتشارات نیوشه، چهارمحال بختیاری.

۲۰. کلیات جغرافیای کامل ایران (۱۳۶۶). مجموعه ۱۰، وزارت آموزش و پرورش، تهران.

۲۱. گذری به چهارمحال و بختیاری (۲۵۳۶ شاهنشاهی). انتشارات دفتر مخصوص علیاحضرت شهبانو.

۲۲. گورویی، قدرت‌الله، حیدریان، محمود، و خسروزاده، علیرضا (۱۳۹۸). مطالعه کانی‌نگاری سفال‌های لبه‌واریخته (اوروک) دوره آغاز ایلامی چهارمحال و بختیاری، نشریه جستارهای باستان‌شناسی ایران پیش از اسلام.

۲۳. مبینی، علی (۱۳۹۰). چهارمحال بختیاری از منظر تاریخ، انتشارات خلیلیان، تهران.

۲۴. .خسروی، عبدالعلی (۱۳۷۰). فرهنگ بختیاری، انتشارات فرهنگسرا، تهران.

۲۵. میرزایی دره‌شوری، غلامرضا (۱۳۷۳). بختیاری‌ها و قاجاریه، انتشارات ایل، شهرکرد.

۲۶. نوروزی بختیاری، غلامعباس (۱۳۷۷). کتاب آنزان: کتاب دوم، انتشارات آنزان، تهران.

۲۷. نوروزی بختیاری، غلامعباس (بی‌تا). کتاب آنزان: کتاب اول (فرهنگ، هنر، تاریخ و تمدن بختیاری)، انتشارات آنزان، تهران.

۲۸. نیکزاد امیرحسینی، کریم (۱۳۵۷). شناخت سرزمین چهارمحال، انتشارات ربانی، اصفهان.

۲۹. هاشمی دهکردی، سیدجواد (۱۳۸۳). فرهنگ مردم و افسانه‌های شهرکرد، در کتاب مردم‌شناسی و فرهنگ عامه، ج۲، انتشارات بنیاد ایران‌شناسی، تهران.

۳۰. واحد کارتوگرافی (بی‌تا). نقشه سیاحتی استان چهارمحال و بختیاری، انتشارات ایران‌شناسی، تهران.

۳۱. Geological Survey of Iran & همکاران (بی‌تا)، Atlas of Iran's Geology and Mineral Distribution، Springer.

۳۲. Ghorbani, Mansour (۲۰۲۱)، The Geology of Iran: Tectonic, Magmatism and Metamorphism، Springer.

۳۳. Tehran Times (۲۰۲۵) Ancient stone artifacts in Chaharmahal-Bakhtiari province date back to the Paleolithic era، بازیابی‌شده از: https://www.tehrantimes.com/news/۵۱۶۶۵۳.

۳۴. وبگاه ۱، https://ahmadcarpets.com/.

۳۵. وبگاه ۲، https://sunrise.ir/

۳۶. وبگاه ۳، https://rezim.ir/.

۳۷. وبگاه ۴، ttps://fa.wikipedia.org.

۳۸. https://www.irna.ir.

درباره دکتر منصور قربانی

در اردیبهشت‌ماه سال ۱۳۴۰ در روستای ننج ملایر به‌دنیا آمد. تحصیلات ابتدایی خود را در همین روستا و دوره راهنمایی و دبیرستان را در شهرستان ملایر پشت‌سر گذاشت. وی تحصیلات عالی را در سال ۱۳۶۲ در رشته زمین‌شناسی در دانشگاه شهیدبهشتی شروع و در سال ۱۳۶۷ دوره کارشناسی زمین‌شناسی را به پایان رساند. منصور قربانی اولین فارغ‌التحصیل دوره کارشناسی ارشد (سال ۱۳۷۰) در رشته زمین‌شناسی از دانشگاه شهید بهشتی تهران است و در سال ۱۳۷۸ مدرک دکتری در شاخه پترولوژی و متالوژنی را از همین دانشگاه دریافت کرد. از همان سال به عضویت هیأت علمی دانشگاه شهید بهشتی تهران درآمد و تا امروز که مرتبه استاد تمامی دارند در دوره‌های کارشناسی، کارشناسی ارشد و دکتری فعالیت آموزشی مستمر داشته‌اند؛ قربانی بعلاوه از زمره پژوهشگران نمونه دانشگاه شهید بهشتی بوده، رساله بیش از یک‌صد دانشجوی کارشناسی ارشد و دکتر را راهنمایی کرده‌اند.

طی فعالیت‌هایی پژوهشی علمی و میدانی چشمگیر در سراسر ایران، در تمام نقاط ایران کاوش‌های گسترده‌ای در علوم زمین و جغرافیای طبیعی و مردم‌شناسی داشته‌اند؛ حاصل پژوهش‌های ایشان در علوم زمین و منابع طبیعی ایران و ایران‌شناسی، در بیش از ۵۰ اثر علمی، شامل کتاب (ازجمله سه کتاب با انتشار از سوی اشپرینگر)، نقشه (ازجمله نقشه متالوژنی خاورمیانه)، اطلس و بیش از ۱۵۰ مقاله در سطح ملی و بین‌المللی منتشرشده است. همچنین در چندین همایش ملی و یک همایش بین‌المللی، سابقه دبیر علمی و اجرایی را در کارنامه خود دارد. او اندیشمندی است که ایران‌شناسی را در چهار قالب طبیعت، تاریخ، فرهنگ و منابع طبیعی آن آموخته و در هم‌پیوسته است.

پیمایش‌های صحرایی و بازدیدهای سالیان وی از منابع طبیعی (معدنی، انرژی، آب‌ها) زمین‌شناسی، بازدید شهرها و طبیعت ایران، علاقه‌اش به تاریخ و تمدن ایران و مطالعه پیوسته وی در این قلمروها دستاوردهای دیگری داشته است؛ این‌ها شامل شناخت بیشتر فرهنگ اقوام ایرانی و نقش محیط طبیعی بر ویژگی‌های فرهنگی، اجتماعی

تاریخی و اقتصادی و همچنین آشنایی هرچه بیشتر با منابع طبیعی و ویژگی‌های اقلیمی و تاریخی شهرها و سرزمین‌های ایران است. حاصل مطالعات ایران‌شناسی دکتر قربانی قبلاً در یک دوره ۱۰ جلدی (ایران‌شناسی با نگرشی گردشگری شهری، طبیعت و زمین) انتشار یافته، و کتاب حاضر (ایران‌شناسی، طبیعت، تاریخ و فرهنگ ایران‌زمین) مقدمه انتشار یک مجموعه ۳۳ جلدی ایران‌شناسی با نگرش جدید است.

تأسیس مرکز پژوهشی زمین‌شناسی پارس آرین زمین و انتشارات آرین زمین در سال ۱۳۸۱ و نیز تلاش در زمینه انتشار مجله سرزمین‌های پارس آرین از سال ۱۴۰۲ در تحقق اهداف یادشده نقش اصلی را داشته‌اند. هر سه این‌ها اینک کانونی برای فعالیت دانشمندان، کارشناسان با تجربه و افراد علاقه‌مند به فعالیت‌های پژوهشی در زمینه‌های مرتبط هستند. در این میان اقبال هم با مرکز پژوهشی زمین‌شناسی پارس آرین‌زمین و انتشارات آرین زمین همراه بوده، این مرکز با انتشار کتاب‌ها و نقشه‌های بسیار، فعالیت‌های مؤثری در زمینه منابع طبیعی ایران و ایران‌شناسی داشته است.

www.ingramcontent.com/pod-product-compliance
Lightning Source LLC
LaVergne TN
LVHW052127041026
849558LV00011B/278